中国大型交通枢纽建设与运营实践丛书

北京大兴国际机场
工程建设与运营筹备总进度综合管控

刘春晨　主编

同济大学 出版社
TONGJI UNIVERSITY PRESS
·上海·

本书编委会

主　　编：刘春晨
副 主 编：姚亚波　宋　鹍
执行主编：郭雁池　马　力

编写人员：
首都机场集团有限公司
孙保东　姚晏斌　覃霄志　杨承恩　郭洪源　魏　杰
石　茹　宣　颖　张春丽　李荣荣　郭　昊　李美华
武　龙　马家骏
首都机场集团有限公司北京建设项目管理总指挥部
吴志晖　张宏钧　陈　龙　丁衍然　孔　愚　王　静
王稹筠　姚　铁　孙　凤
首都机场集团有限公司北京大兴国际机场
潘　建　杜晓鸣　王毓晓　林　涛　高　珍
同济大学复杂工程管理研究院
陈建国　乐　云　唐可为　何清华　李永奎　施　骞
韩一龙　龚云皓　张馨月　姜凯文　淦雪晴　李　琨
徐　牧

序言 | *Foreword*

　　北京大兴国际机场是习近平总书记亲自决策、亲自推动的国家重大建设工程,不仅承载着全体民航人建设民航强国的坚定初心和美好夙愿,更是肩负着践行新发展理念、打造国家发展新动力源的光荣使命。大兴机场建设及运营取得的辉煌成就,彰显了习近平新时代中国特色社会主义思想的实践伟力,为中国民航未来机场建设运营树立了创新的发展模式和实践典范。

　　大兴机场建设投运的整个历程,充分体现了我国社会主义制度能够集中力量办大事的显著优势。国家相关部委、军方、地方政府全力支持,民航局举全局、全行业之力,共同推动大兴机场建设及运营筹备,创造了大型枢纽机场投运史上的新飞跃。2014年12月,北京新机场工程正式开工;2019年9月25日,习近平总书记向全世界庄严宣布大兴机场正式投运。全体建设者仅用4年9个月,在27 km² 的土地上建成了拥有"三纵一横"4 条跑道、256 个机位、143 万 m² 航站楼综合体、450 万 m² 总建筑面积的航空城,打造了世界上一次性投运规模最大、集成度最高的大型综合交通枢纽。1 371天完成航站楼综合体建设,创造了全新的世界纪录;559 天跨越京、津、冀 3 个省市和 9 个行政区完成 196 km 输油管道建设,仅用 1.5 年就完成同等规模 4～5 年才能完工的工程;34 天完成飞行校验,127 天完成三个阶段的试飞,60 天完成七次大规模综合演练,工程竣工后 87 天完成投运准备。习近平总书记指出,"大兴国际机场体现了中国人民的雄心壮志和世界眼光、战略眼光,体现了民族精神和现代水平的大国工匠风范。实践充分证明,中国人民一定能,中国一定行"。

大兴机场的成功建成投用,其中最宝贵的经验之一就是引入超越组织边界管理等理念,构建了机场工程建设与运营筹备总进度综合管控体系。大兴机场建设投运难度在中国民航建设史上前所未有,一方面是刚性的总进度目标,要全面落实"四个工程"及"四型机场"建设要求,2019 年 6 月 30 日竣工、9 月 30 日前投运的"后墙"绝不能倒;另一方面是体量庞大且关联复杂的工程任务,超过 3 万项剩余动拆迁、建设与运营筹备、验收及移交工作高密度聚集交织。民航北京新机场建设及运营筹备领导小组经过全面评估、慎重研究,决定邀请同济大学组建大兴机场进度管控攻坚团队,从以民航局和首都机场集团为核心的项目管理团队推广到东航、南航、空管和油料等项目管理团队,编制了《北京新机场工程建设与运营筹备总进度综合管控计划》,梳理了 15 个大项目指挥部的 16 条关键路径,提取了"366 + 8"个关键性控制节点,明确路线图、时间表、任务书和责任单,全主体、全方位开展总进度综合管控工作,最终圆满保障完成了大兴机场的总进度目标。

大兴机场总进度综合管控实践,为我国民航机场建设领域推动项目科学管理、打造"四个工程"、建设"四型机场"提供了重要支撑,成为总进度综合管控在全民航的"宣言书、宣传队和播种机"。在大兴机场投运一周年之际,民航局以其总进度综合管控实践为蓝本,正式发布了行业标准《民用机场工程建设与运营筹备总进度综合管控指南》,复杂项目管理的多领域、多主体、多要素综合管控思想与技术在全民航得以广泛推广。

当前,我们即将迎来"十四五"的收官之年,举国上下全面贯彻新发展理念、创新培育发展新质生产力。全行业正在奋力推进民航强国建设进程,民航运输市场显著复苏,基础设施建设需求不断扩大,机场建设管理能力也面临新的挑战,推进综合管控协同化、推行现代工程管理、打造民用机场品质工程,成为我国民用机场建设领域的重要抓手。在这种背景下,首都机场集团有限公司紧跟时代脉搏,以大兴机场建设与运营筹备总进度综合管控的成功实践为题,全景式展现大兴机场总进度目标论证、计划编制及综合管控的全过程,并从管控组织、管控方法、管控机制及管控信息平台等维度总结剖析、深度提炼创新成果,进一步梳理未来发展方向和要求,对于我国民航机场建设推行总进度综合管控,促进机场建设项目管理理念、模式、机制全方位转型升级,推动我国机场建设运营从规模速度型向质量效率型转变、从要素投入驱动向创新驱动转变将发挥重要作用。

看到这本书的出版,也让我再次回忆起全体民航人携手攻坚大兴机场建设投运的峥嵘岁月，也期待这本书能为我国机场建设提供更有益的借鉴。

政协第十四届全国委员会常委、经济委员会副主任

中国民用航空局原局长

2024 年 7 月

前 言 | *Preface*

　　北京大兴国际机场是举世瞩目的世纪工程，是习近平总书记特别关怀、亲自推动、亲自宣布投运的国家重点项目。从 2014 年 12 月 26 日开工建设到 2019 年 9 月 25 日正式建成投运仅用时 4 年 9 个月，创造了世界工程建设史上的一大奇迹。大兴机场代表着新中国民航 70 年工程建设的最高水平，充分展现了中国工程建设的雄厚实力，充分体现了中国精神和中国力量。

　　大兴机场建设规模大、涉及范围广、投资主体多、运营标准高、工程进度紧，最终能高质量、高速度、高水平建成并投入运营，取得辉煌的历史性成就，在根本上取决于以习近平同志为核心的党中央的坚强领导和亲切关怀，取决于习近平新时代中国特色社会主义思想的科学指引。在大兴机场的建设运营全生命周期中，全体参建人员始终把习近平总书记系列重要指示批示精神作为根本遵循和行动指南，以全力打造"四个工程"为基本要求，以努力建设"四型机场"为根本途径，以充分发挥"新动力源"作用为核心目标。大兴机场的顺利投运，离不开民航局的科学部署和统一指挥，离不开首都机场集团有限公司的精心组织和统筹协调，离不开军方和各有关部委、京津冀三地党委、政府的大力支持和密切配合，离不开各参建单位的精诚团结和分工协作，离不开全体党员、干部和职工以及数万建设者们的拼搏攻坚与奋力前行。

　　科学的组织管理模式和治理机制是大兴机场运筹制胜的重要保证。合理的组织结构设计、高效的领导能力、明确的指令关系、完善到位的职责与任务分工、清晰的工作流程标准是目标实现的重要基础。大兴机场建立了横向协调顺畅、纵向领导有力、整体覆盖全面的组织体系，有效解决了跨部门、跨行业、跨地域的重点难点问题，各单位树立了工程建设一盘棋的思想，分工不分心，确保了工程项目有序向前推进。在国家层面,由国家发展改革委牵头成立了包括自然资源部、生态环境部、水利部、海关总署、质检总局、军委联合参谋部、空军、民航局、京津冀三地政府的"北京新机场建设领导小组",旨在管大事、抓协调、解难题,科学把握大兴机场的基本原则,保障大兴机场工程顺利实施。由于项目涉及北京市和河北省两大行政区,为组织协调机场建设工程的相关工作,两地政府也分别成立了一系列组织机构。在行业层面,民航局成立了"民航北京新机场建设领导小组"。随着项目进展,为保证按时完成建设任务并顺利投入使用,民航局决定在原民航北京新机场建设领导小组基础上成立了"民航北京新机场建设及运营筹备领导小组",全面负责组织、协调地方政府、相关部委以及民航局机关各部门及局属相关单位,统筹做好大兴机场建设运营筹备等各项工作。在投资主体层面,大兴机场工程涉及投资主体共计 24 个,其中,首都机场集团成立了"北京新机场建设指挥部",负责完成大兴机场主体建设工程。在进入决战决胜的关键阶段,为确保大兴机场顺利按期投运,经民航局研究决定,成立了由首都机场集团牵头的北京大兴国际机场投运总指挥部。在大兴机场建设和运筹过程中,一系列组织模式的顶层设计和创新为项目顺利推进打下了坚实的基础,同时也为提升我国机场建设治理体系和治理能力现代化树立了标杆,为促进民用机场事业高质量发展,加快推进民航强国建设做出榜样。

在民航北京新机场建设及运营筹备领导小组和大兴机场投运总指挥部的大力推动下,大兴机场在项目冲刺阶段引入同济大学专业团队,组建大兴机场建设及运营筹备总进度综合管控课题组,系统运用和全面实行总进度综合管控,为整个工程项目绘制了进度时间表和清晰的路线图,通过对总进度目标的论证和总进度计划的分析研究等工作，对"大兴机场能不能按期建成投运""谁来说一定能建成投运""凭什么说一定能建成投运"这三个问题作出了令人信服的回答，在工期最为紧张和关键的时刻，为大兴机场的总进度管控工作确定了方向，树立了理念，明确了方法，给广大参建者吃下一颗"定心丸"，极大地增强了管理团队的信心，提升了参建单位的士气。

在民航局的坚强领导、民航华北管理局的全面监督和首都机场集团的强力推动下，总进度计划于 2018 年 7 月编制完成，计划覆盖剩余前期手续办理、工程建设、验收移交和运营筹备四个阶段。2018 年 8 月 10 日，《北京新机场工程建设与运营筹备总进度综合管控计划》通过民航明传电报正式发布。《综合管控计划》发布后，各方充分发挥建设及运营筹备主体责任和一线协调作用，协同航空公司、空管、航油、海关、边检等 15 家参建单位，创造性地提出和建立了跨组织边界管控工作机制，打破驻场单位之间的沟通壁垒，对 24 个投资主体和 45 个工程项目集群进行统一管控。相关单位组建管控专班，开展联合巡查，强化现场督导，梳理滞后项目；以专业管控平台为支撑，对大兴机场工程建设与运营筹备信息化实施管控，实现工程进度信息采集的即时性和汇报的可视化，极大提高了数据采集、信息分析、决策支持和成果发布的能力与效率；以重大问题即时预警机制为保障，及时发现、识别、分析并预警用地手续办理、航站楼前交叉施工、航行公告生效前置流程等"一大三重"问题和跨地域运营手续办理等问题，通过投运总指挥部联席会议、专题联席会议等推动问题快速有效地解决。

在为期 18 个月的冲刺攻坚战中，民航局机场司与首都机场集团针对机场工程参与主体众多、组织复杂、技术复杂、过程复杂和环境复杂的特征，以"建设运营一体化"理念为指引，以工程总进度综合管控计划为抓手，以进度信息管理系统为平台，集中工程建设、设施设备、人力资源、科技力量等关键要素，推动实现跨投资主体边界、建设与运营边界、主体工程与配套工程边界、行业与地方边界以及军地边界的组织管理模式，打造目标一致、组织协同、进度统筹、信息共通、计划高效、管控最优的综合协同管控局面，解决了传统建设与运营衔接不顺畅的问题，实现了不同工作计划之间的无缝衔接、压茬推进，使各阶段、各界面、各主体的任务有机结合、高效协同，通过纠偏使总体工程工期节省51天，最终确保"6·30竣工"和"9·30前投运"目标（2019年6月30日竣工、9月30日前投运，全文简略表述为"6·30竣工，9·30前投运"）的顺利实现。

本书对大兴机场工程建设及运营筹备总进度综合管控的成功经验及理论方法创新进行深入分析和系统总结，主要内容包括总进度综合管控的背景与意义、组织创新、总进度目标论证、总进度综合管控计划编制、专项进度计划、总进度综合管控过程、管控机制、管控平台以及发展展望等，力图将大兴机场总进度成功管控的实践经验上升为理性认知，进而凝练成系统的理论体系和科学的工程价值观，为今后大型民用机场的建设运筹提供知识支持和组织经验，同时为国内重大基础设施工程的开发建设提供模式借鉴。

北京大兴国际机场建设与运营筹备攻坚动员会

北京大兴国际机场行业验收总验及使用许可终审通报大会

北京大兴国际机场投运总指挥部研究总进度综合管控计划

北京大兴国际机场建设现场

目 录 | *Contents*

第1章
北京大兴国际机场总进度综合管控概述

北京大兴国际机场(下文简称"大兴机场")[1](图1.1)是党中央、国务院决策的国家重大标志性项目,是京津冀协同发展的标志性工程,是国家发展新的动力源,是我国改革开放、国家经济社会发展进入新时代的标志,同时也是民航强国建设的标杆工程,是国家"十二五"和"十三五"规划确定的国家级重大基础设施项目。大兴机场的建设立足于全面建成小康社会的时代背景和民航强国的行业背景,其建成投运对支撑国家重大发展战略、促进经济社会发展、推动行业进步等具有重要意义。

图 1.1　北京大兴国际机场全貌

---

[1] 北京新机场于 2018 年 9 月 14 日被正式命名为北京大兴国际机场。

1.1　北京大兴国际机场的建设背景与意义

1.1.1　北京大兴国际机场建设背景

进入 21 世纪以来,随着居民收入水平的提高、消费结构的升级以及跨区域经济联系的日益密切,我国航空运输业务规模稳步增长,运营效率明显提高,行业市场化程度不断提升,航空运输业取得了长足发展,在国家经济社会中的战略地位日益凸显,中国已跻身世界民航的大国行列。2004 年,中国成为世界上民航客、货、邮运输量增长率最高的国家;2005 年,中国民航运输总量跃居世界第二。目前,我国民航业在旅客周转量、货邮周转量、运输总周转量等指标方面,均稳居世界第二,仅次于美国[1]。

在我国民航运输业务量大发展的形势下,首都机场航空运输业务量也在持续增长。首都机场运营数据显示,2000—2010 年首都机场旅客吞吐量年均增长 13%,货邮吞吐量年均增长 10.8%,起降架次年均增长 10.9%。2018 年和 2019 年旅客吞吐量连续超过 1 亿人次,远超出设计服务能力。随着首都机场年旅客吞吐量的逐年攀升,机场货邮吞吐量也由 1978 年的 3.4 万吨跃升至 2018 年年底的超过 200 万吨。航班的增加受到严格限制,无法满足北京航空业务量增长的需求。同时由于首都机场容量受限,每天约有 400 架次航班申请无法安排,每年约合 2 000 余万人次的出行需求难以得到满足。据预测,2025 年北京地区航空旅客吞吐量将达到 1.7 亿人次[2],为更好地满足日益增长的航空运输需求,在进一步发挥首都机场功能的基础上,另行选址建设北京第二个机场意义重大。

1.1.2　北京大兴国际机场建设意义

大兴机场在建设及运营筹备全过程中始终坚持和贯彻新发展理念,以实现"四个工程"(精品工程、样板工程、平安工程、廉洁工程)为目标,以建设"四型机场"(平安机场、绿色机场、智慧机场、人文机场)为引领,坚定不移地打造新时代重大项目的示范性工程。大兴机场的高速度、高标准、高质量投运,充分展现了中国工程建筑的雄厚实力,充分体现了中国精神和中国力量,充分彰显了中国特色社会主义道路自信、理论自信、制度自信、文化自信。

1) 北京大兴国际机场是践行新发展理念的典范性工程

"创新、协调、绿色、开放、共享"的新发展理念是习近平新时代中国特色社会主义思想的重要内容。作为首都的重大标志性工程,大兴机场是国家发展一个新的动力

［1］　根据中国民用航空局官方网站数据整理 http://www.caac.gov.cn/index.html
［2］　根据首都机场集团有限公司官方网站数据整理 http://www.cah.com.cn/index.jspx

源,更是践行新发展理念的"世纪国门"。

大兴机场以五指廊放射构型设计、建设与运营一体化模式、"空地一体化"全过程仿真等彰显理念创新、管理创新和技术创新,注重规划协调、机制协调和军民协调,建设环境管理系统,全面监控大兴机场环境现状,预测环境风险趋势,构建复合生态水系统,倡导环境友好、资源集约和节能减排,坚持建设市场开放、航空市场开放、投融资市场开放和经营权市场开放,实现全过程共建、全主体共治和全要素共享。

2)北京大兴国际机场是"四个工程"的标志性工程

2017年2月23日,习近平总书记考察北京新机场时强调,北京新机场是首都的重大标志性工程,必须全力打造精品工程、样板工程、平安工程、廉洁工程。贯彻落实总书记重要指示,打造"四个工程"是大兴机场建设者们孜孜追求的目标。

大兴机场建立全过程、全维度、全专业的设计管理机制,以精心的设计、精细的建设和精良的品质致力打造精品工程;以合理的功能布局、集约的土地开发模式、科学的项目管理、便捷的综合交通和完善的无障碍设施积极打造样板工程;以提升工程安全标准、丰富工程安全体系、完善工程安全措施等有效途径坚决打造平安工程;以廉洁教育、风险管理、制度建设、精准监督等手段覆盖所有机场项目,矢志打造廉洁工程。

3)北京大兴国际机场是"四型机场"的引领性工程

2019年9月25日,习近平总书记出席投运仪式时要求:"把大兴机场打造成为国际一流的平安机场、绿色机场、智慧机场、人文机场。"

大兴机场推进机场安全规划"白皮书"与"十四五"平安机场专项规划编制工作,以完善顶层设计、夯实管理基础、提升保障能力引领平安机场建设;主导编制《绿色机场规划导则》《绿色航站楼标准》《民用机场绿色施工指南》等首批行业绿色标准,以绿色设计、绿色施工、绿色运行、绿色成果引领绿色机场建设;搭建智能化云平台,以平台信息化、手段智能化、目标智慧化、感知无纸化引领智慧机场建设;依托多样化交通方式集成优势,逐步实现地面交通、航空功能与城市功能的有效结合,以让旅客增加获得感、增强幸福感、增进体验感、提升满足感,引领人文机场建设。航站楼内景如图1.2所示。

4)北京大兴国际机场是新时代重大项目的示范性工程

2019年9月25日,习近平总书记出席大兴机场投运仪式时强调:"大兴国际机场能够在不到5年的时间里就完成预定的建设任务,顺利投入运营,充分展现了中国工程建筑的雄厚实力,充分体现了中国精神和中国力量。"

大兴机场371天完成航站楼综合体建设,工程竣工后87天完成投运准备,前期工作快、工程建设快、投运转场快,体现了中国速度。

应用智慧化建造技术,实现模块化设计和预制化加工,以建造向工业化转变、设备向国产化转变、安装向智能化转变展现中国智造;民航局协调国家发展改革委和财政

图 1.2　北京大兴国际机场航站楼内景

部将资本金比例提高,确保了机场建设顺利快速推进,提高了可持续经营能力。首都
机场集团有限公司(简称"首都机场集团")[1]先后召开 47 次大兴机场工作委员会会
议,解决了 388 项重点、难点问题,确保机场建设及运营筹备有关工作稳步开展。

1.1.3　北京大兴国际机场建设历程

在大兴机场项目前期阶段,民航局深入调查研究、广泛征求意见、充分剖析论证、
坚持依法依规办事。历经 16 年多轮次的场址比选、3 年多的立项评估以及近 2 年的
全面可行性论证,最终由习近平总书记在 2014 年 9 月 4 日主持召开的中央政治局常委
会上,亲自决策建设。大兴机场的整个建设过程可分为三个主要阶段:前期决策及选址
阶段、正式开工及建设阶段和最后冲刺及投运阶段。

1)前期决策及选址阶段

大兴机场选址涉及面广、制约因素多,需综合考虑空域运行、地面保障、服务便捷、

---

[1]　首都机场集团公司于 2021 年 7 月 27 日正式更名为首都机场集团有限公司。为方便读者阅读,后简称首都
机场集团。

区域协同、军地协调等各个方面。为实现综合效益最大化,民航局与北京市先后组织开展了三个阶段的摸排与比选论证。

(1)预选阶段(1993年10月至2001年7月)

1993年首都机场旅客吞吐量突破1 000万人次,虽然航空基础设施保障资源尚未饱和,但考虑长远发展需要,北京市在城市总体规划修编中选定了通州张家湾、大兴庞各庄两处中型机场备用场址,并开展了多轮预选。

(2)对比阶段(2001年7月至2003年10月)

2001年7月北京申奥成功,为满足2008年奥运会保障需要,民航局启动首都机场三期扩建与新建北京第二机场的对比研究,同步开展了选址工作,经过多方面比选论证,认为扩建首都机场更为合理可行。经国务院常务会议审议通过,2003年10月,国家发展改革委批复同意首都机场扩建,同时提出"从长远发展看,首都应建设第二机场"。

(3)优选阶段(2003年10月至2009年1月)

2004年,北京市在修编的城市总体规划中,推荐北京大兴南各庄和河北固安西小屯两处备选场址。2006年,民航局成立选址工作领导小组,明确了空域优先、服务区域经济社会发展、军民航兼顾、多机场协调发展、地面综合条件最优五大选址原则,完成了选址空域、区域经济背景、多机场系统、绿色机场选址等一系列研究报告。2007年7月,民航局向国务院上报《关于北京新机场选址有关问题的请示》。按照国务院要求,2008年3月,国家发展改革委牵头成立北京新机场选址工作协调小组,全面开展机场选址工作,经专家评估论证,2009年1月确定大兴南各庄为首选场址。其后,国家作出的京津冀协同发展、雄安新区建设和北京城市副中心建设等一系列重大决策,不断证明该场址是北京第二座机场场址的最优选择。

2)正式开工及建设阶段

2010年12月1日,民航局党组下发《关于成立北京新机场建设指挥部的批复》,机场筹建工作正式启动。2011年3月8日,民航局成立北京新机场民航工作领导小组,机场建设进入实质推进阶段。2012年12月22日,国务院、中央军委联合发文批复北京新机场立项。2014年12月26日,机场工程正式开工(图1.3);12月30日完成航站楼建筑方案第二阶段优化工作。2015年9月26日航站区工程开工;10月27日民航局批复旅客航站楼及综合换乘中心、停车楼、综合服务楼等工程初步设计;12月8日,民航局批复北京新机场工程空管工程初步设计;12月28日空管工程开工建设。2016年2月6日,民航局、北京市、河北省三方联合批复机场总体规划;3月16日航站楼及综合换乘中心(指廊)工程开工动员会召开。2017年1月22日,机场35 kV临时输变电工程成功送电并正式投入运行;3月10日,中国航油场内供油工程项目开工建设,航油项目进入实施阶段;3月16日,航站楼混凝土结构全面封顶;5月25日,西塔台工程开工建设;6月29日,东航北京新机场基地建设项目开工建设;6月30日,机场

图 1.3　北京新机场开工

航站楼钢结构顺利实现封顶;7 月 18 日,北京终端管制中心工程开工建设;8 月 30 日,机场综合交通中心(停车楼及综合服务楼)工程主体结构实现全面封顶;8 月 30 日,中国航油场外输油管道项目开工;9 月 6 日,行李处理系统开工;9 月 28 日,东航基地项目全面进入项目实体施工阶段;10 月 10 日,南航基地项目进入工程建设阶段;12 月 31 日,航站楼工程实现功能性封顶封围。

3)最后冲刺及投运阶段

时间进入了 2018 年,此时距离 2019 年 9 月正式通航还有不到两年的时间,机场建设和运筹的各项工作正在如火如荼地开展和推进。2018 年 3 月 13 日,民航局在原民航北京新机场建设领导小组基础上成立民航北京新机场建设及运营筹备领导小组(以下简称"民航领导小组"),时任民航局局长冯正霖任领导小组组长,全力推进机场的建设及运筹各项工作。2018 年 4 月 29 日,时任民航局局长冯正霖赴大兴机场建设工地慰问建设者,要求民航北京新机场建设及运营筹备领导小组办公室(简称"民航领导小组办公室")会同北京新机场建设指挥部,按照 2019 年 6 月 30 日竣工、9 月 30 日前投运的目标,覆盖所有参与大兴机场建设及运营筹备的单位和事项,共同组织研究编制大兴机场建设及运营总进度管控计划。随后,民航领导小组引入同济大学专业团队,对总进度综合管控的指导理念、理论基础、技术方法、流程机制等进行系统研究,并在此基础上全面开展总进度综合管控的各项工作。

2018 年 5 月 16 日南航货运设施项目开工;5 月 25 日工作区高架桥主体结构贯通;

5月29日货运区工程正式开工;5月30日信息中心数据机房楼及指挥中心办公楼实现结构封顶;6月5日公安勤务楼工程奠基开工;6月24日中国航油场内供油工程项目16万立方米储油罐群、3万平米综合生产调度中心主体结构封顶;6月29日工作区综合管廊主体结构全线贯通;7月13日空管核心工作区及气象综合探测场工程开工建设;7月18日地源热泵工程开工仪式举行;8月7日东塔台及一二次雷达站工程开工建设。

2018年8月10日,民航领导小组办公室以民航明传电报方式正式发布《北京新机场工程建设与运营筹备总进度综合管控计划》;8月27日,民航局研究决定成立北京大兴国际机场投运总指挥部(简称"投运总指挥部");9月3日,南航基地机务维修设施项目1号机库屋盖钢结构提升并顺利封顶;9月19日,飞行区工程西一、西二跑道贯通;9月27日,东航航食及地服区顺利封顶;9月29日,东航机库屋架钢结构封顶,同日,中国航油地面加油设施工程开工,办公楼实现结构封顶;9月30日,航站楼二期调试用电任务圆满完成;10月25日,空管工程气象雷达站和二次雷达站工程开工建设;11月2日,东航基地项目核心区一期工程封顶;11月11日,飞行区工程东跑道顺利贯通,飞行区工程进入收尾攻坚阶段;11月13日,轨道交通大兴机场线代建项目通过主体结构验收;11月15日,东航基地项目货运区一期工程封顶;12月26日,跑道道面全面贯通;12月27日,安固500 kV高压线迁改工程新建线路顺利送电运行;12月31日,中国航油场内供油工程项目主体工程全部完工,同日,南航基地五大功能区一期工程全部实现封顶封围。

2019年1月18日,民航局以明传电报形式下发了《关于进一步加强2019年大兴机场总进度综合管控工作的通知》,对最后冲刺阶段的管控工作开展及管控方法研究提出新要求;1月20日,飞行区东线电源切换工作顺利结束,飞行区所有灯光站、开闭站实现10 kV正式电源供电,同日,空管核心工作区及气象综合探测场工程封顶;1月22日,第一场校验任务圆满完成;1月27日,ITC数据中心大楼顺利实现完工交付;2月24日,飞行校验结束,飞行程序和导航设备具备投产通航条件;3月12日,中国航油场外输油管道正式全线贯通;4月2日,一二次雷达站、二次雷达站和气象雷达站工程封顶;4月10日,空管工程主用自动化系统软件升级过渡工作顺利完成;同日,中国航油场内供油工程项目完成竣工验收;4月12日,中国航油场外输油管道项目完成竣工验收;4月23日,华北局开始大兴机场行业验收初验;4月26日,中国航油场外输油管道投油工作完成,率先进入试运行阶段;4月28日,飞行区4条跑道及相应的滑行道和联络道、部分机坪和排水工程、目视助航设施及供电工程、公安消防安检工程顺利通过第一批次竣工验收;5月16日,工作区市政交通高架桥工程通过竣工验收;5月24日,污水处理厂工程通过竣工验收;5月28日,南航基地货运设施项目竣工;6月14日,中国航油地面加油设施工程完成竣工验收;6月24日,中国航油综合调度中心工程完成竣工验收,中国航油所有子工程建设任务完成;6月26日,东塔台工程封顶,6

月 26 日,东航大兴机场基地项目一阶段工程竣工验收;6 月 28 日,飞行区工程通过第二批竣工验收,同日,弱电信息与机电设备工程通过竣工验收,南航基地航空食品设施项目竣工,一二次雷达站、二次雷达站和气象雷达站工程通过验收;6 月 29 日,工作区各项配套基础设施及能源供应保障工程竣工,南航基地机务维修设施项目竣工;6 月 30 日,机场主体工程全部通过竣工验收,各参建单位如期完成"6·30 竣工"的任务,工作重心转向准备通航投运阶段。

2019 年 7 月 1 日,大兴机场西塔台正式运行;7 月 7 日,制冷站正式运行,航站楼供冷正式开始;7 月 11 日,飞行区工程通过行业验收;7 月 19 日,完成第一次综合演练;8 月 2 日,完成第二次综合演练;8 月 8 日,航站楼工程通过行业验收;8 月 9 日,飞行区与航站区水土保持设施通过自主验收;8 月 16 日,圆满完成第三次综合演练。8 月 23 日,完成第四次综合演练;8 月 27 日,完成第二阶段低能见度专项试飞;8 月 30 日,通过民航专业工程行业验收总验和使用许可审查终审,同日,完成第五次综合演练;9 月 4 日,顺利通过防洪相关工程专项验收;9 月 6 日,完成第六次综合演练;9 月 10 日,南航基地项目全部移交投运;9 月 16 日,通过民航华北局组织的行业验收总验和使用许可终审问题复查;9 月 17 日,成功开展第七次模拟演练暨综合应急演练。

2019 年 9 月 25 日,习近平总书记亲自出席投运仪式,宣布北京大兴国际机场正式投入运营。中央电视现场直播,全景式、全过程向全球呈现了这个高光时刻,吸引了全世界的目光,受到各方高度评价。

1.2 北京大兴国际机场总进度综合管控的背景与意义

总进度综合管控是在项目管理理论的基础上结合企业控制论发展起来的,是一种运用现代信息技术为大型建设工程业主方的决策者提供战略性、宏观性和总体性咨询服务的新型管理模式。总进度综合管控以信息论、控制论和系统论为理论基础,以现代信息技术为手段,对大型建设工程信息进行收集、加工和传输,用经过处理的信息流指导和控制项目建设的物质流,支持项目决策者进行规划、协调和控制。在综合管控模式下,管控单位从各种项目管理具体事务工作中分离出来,只作为第三方对项目的进度进行管理,以提高管理工作的专业性,此时管控单位可以为业主提供专业的进度控制建议,从而大大提高业主的进度管理水平。

在具体项目中,总进度综合管控是项目的管理高层组织和领导各投资主体、建设(管理)单位、运营单位及相关部门,构建跨项目跨组织综合协调平台,通过编制总进度计划,在项目实施过程中对进度跟踪控制,采取各种措施和方法纠正进度偏差,实现项目总进度目标的活动和过程。总进度综合管控的主要内容包括项目进度目标的可行性论证,分析整个项目进度控制的难点,进行进度控制的总体策划,以及针对项目进展过程中的难点,从组织、管理、经济和技术角度提出解决问题的办法和措施,通过信息集成和处理,进行项目实施的进度控制。在大兴机场开展总进度综合管控工作是推行现代工程管理、推动综合管控协同化的一项重要内容。

1.2.1 北京大兴国际机场总进度综合管控的背景

2014年9月4日,习近平总书记主持召开中央政治局常委会会议,审议可行性研究报告并充分肯定了项目必要性,亲自决策建设北京新机场。

2018年4月29日,时任民航局局长冯正霖赴大兴机场建设工地慰问建设者,要求民航领导小组办公室会同北京新机场建设指挥部,按照2019年6月30日竣工、9月30日前投运的目标,覆盖所有参与大兴机场建设及运营筹备的单位和事项,共同组织编制大兴机场建设及运营筹备总进度综合管控计划。

大兴机场建成投运的总目标进一步明确后,领导层、管理层和执行层的所有参建人员热情高涨,工程建设的脚步明显加快,但全体人员的心头都存在着这样的疑问——"究竟能不能按期建成投运""谁来说一定能建成投运""凭什么说一定能建成投运"。由此可见,当时的大兴机场迫切需要一个能统筹全局的顶层计划来明确路径、梳理困难、排除风险;更重要的,是打破众多参建者心中的疑虑,树立旗帜、指明方向、强化信心。鉴于此,民航领导小组引入同济大学专业团队,组建总进度管控课题组,对大兴机场建设与运营筹备的各项工作开展总进度管控。

1.2.2 北京大兴国际机场总进度综合管控的意义

大兴机场总进度综合管控工作从工作内容上可划分为总进度计划编制工作(2018年5月至2018年7月)和总进度过程管控工作(2018年8月至2019年10月),这两方面的工作内容互相联系、相互促进、互为融合,为一个管控整体。

总进度计划的作用主要体现在以下几方面。

(1)统一思想,提升信心

总进度计划以国内大型民用机场建设数十年实践经验为基础,在对大兴机场进行全面调研、对参建单位进行充分访谈的基础上编制而成,确保了其专业性、科学性和适用性,得到了民航局领导和机场参建单位人员的认可。总进度计划研究论证了总进度目标的合理性和可实现性,通过多维度、多层次的计划分解增强了总进度计划的可操作性,作为进度管控工作的统一行动纲领,为机场所有项目的进度控制明确了方向,极大地提振了项目管理者和参建者的士气和信心。

(2)为领导层提供决策依据

总进度计划全面系统地梳理了大兴机场动拆迁工作、报批工作、建设工作、验收及移交工作和运营筹备工作的关键节点和关键线路,领导层通过项目进度报告和总进度计划的对比,可以清晰地知晓项目的推进情况以及遇到的问题和困难,以此作为决策依据,可以使相关的资源调配和协调统筹更具方向性和针对性。

(3)为管理层提供工作"抓手"

总进度计划立足工程实况,将项目分解结构(PBS)、组织分解结构(OBS)和工作分解结构(WBS)进行有机结合,使项目的时间表和路线图与各参与单位和部门的任务书、责任单一一对应。管理层以此作为进度管理的"抓手",可使相关管理工作的开展有理可循、有据可依、有效推动各单位与部门间的协调合作。

(4)为实施层确定工作标准

总进度计划是各单位、各部门以及各分部分项计划的"龙头计划",所有实施层级计划的制订都必须以总进度计划中的相关节点为依据,这为各参建单位和部门制订自身计划树立了标准,也保证了各单位和部门计划不会在关键节点上有所冲突。

总进度过程管控的作用主要体现在以下几方面。

(1)全面测量,确保准确

总进度过程管控的关键是对计划执行情况的准确掌握,大兴机场对计划执行中的每个关键节点都进行了精确、及时的测量,并采取线上收集、线下访谈、联合巡查等方式,对获取到的信息加以复核,确保了信息流的准确性和及时性,能够更好地支持机场决策层和管理层对工程进度的精确判断,对工程资源的精准调度。

(2)精准定位,实时预警

总进度过程管控工作在对项目实际进度进行科学测量的基础上,精准定位项目实施中存在的关键进度问题,快速识别项目中的滞后节点,分析影响范围和程度,据此辨析工程中的潜在风险,实现关键问题的提前研究和重大风险的实时预警。

(3)风险预判,及时纠偏

总进度过程管控工作对影响项目整体进度的关键问题进行提前判断和及早研究,在此基础上通过流程推演、项目类比等方法及时提出应对方法,对滞后节点提出纠偏思路,对当下工作加强组织保障,对潜在风险制定防范措施,全方位、多层次为工程进度保驾护航。

(4)制度保障,稳步前行

总进度过程管控中的一系列保障和报告制度,不仅使得管控工作能够顺利开展,项目风险能够被准确识别,而且使得工程的进度风险能够及时向民航局及投运总指挥部报告,进而引起各级领导的重视,有效规避风险,加快进度。此外,及时、准确的汇报也使机场管理高层能够全面了解情况,清楚掌握全局重点,确保工程整体进展始终处于可控状态。

在2018年5月至2019年9月共17个月的时间内,总进度管控课题组建立了一套完善的管控体系,以总进度计划为指导,以联合巡查等为手段,期间共联合各单位管控专员进行了 8 次月度联合巡查和 7 次月中巡查,出具了 14 份总进度综合管控月度报告及多份专项报告,发现风险共 159 条,节省整体工期 1.7 个月,确保大兴机场按期建成投运,创造直接经济效益 8.98 亿元,取得了巨大的经济效益和社会效益。

1.2.3 北京大兴国际机场总进度综合管控的特点

总进度管控课题组首先通过资料梳理、实地访谈、现场考察、理论推演等方法,对大兴机场在工程范围、建设标准、参建单位、审批流程、建设工期等方面的高度复杂性和深度不确定性进行了系统研究,发现大兴机场既具有大型群体复杂项目的普遍共性,也具有自身的特殊性,主要体现如下。

(1)建设规模和工程投资大

大兴机场工程近期规划占地规模为 2 830 公顷,航站楼单体建筑面积超过 70 万 m^2,综合体总面积超过 140 万 m^2,机场主体工程投资超 800 亿元,建设红线内投资近 1 200 亿元,总投资达 4 500 亿元,是我国迄今为止规模最大的空地一体化交通枢纽。

(2)技术含量和建设标准高

大兴机场定位为践行新发展理念的典范性工程和新时代重大项目的示范性工程,是打造"四个工程""四型机场"的标志性和引领性工程,广泛应用各种新结构、新技术、新工艺和新材料,运用一流技术建设一流设施,实现高质量、高标准建成投运。

(3)参建单位和涉及专业多

大兴机场涉及投资主体 24 个,包括机场主体工程、民航配套工程和场外配套工程共 45 个工程项目集群,51 家单位和部门,涉及专业超过 50 个,各主体、各单位、各部门和各专业联系密切,互相影响,建设管理单位的协调工作量巨大。

(4)手续办理特殊

大兴机场地跨北京、河北两个省级行政区,部分工程位于两地分界线上,涉及两地的规划、土地、建设、运营、治安、交通等管理权和行政执法权问题,因此许多手续办理和日常对接需要分别和北京、河北两地商议,手续办理的工作量大大增加,办理时间成倍延长。

(5)建设工期紧张

大兴机场要求 2014 年年内开工,2019 年建成通航,对比国际国内的同类工程,建设这样一个大规模、高质量、高标准、高复杂度的巨型工程,5 年的工期十分紧张。

总进度管控课题组通过研究大兴机场建设的突出特点,总结出其进度管控的难点,具体如下。

(1)管控目标难

总进度管控课题组在 2018 年 5 月刚进驻时对已有节点进行评估，发现当时有部分节点稍显滞后，在实施管控后，每个月既要完成当月的管控计划节点，又要对滞后节点进行纠偏，在此情况下要实现"6·30 竣工，9·30 前投运"的目标，具有非常大的难度与挑战性。

　　（2）管控范围广

　　民航领导小组办公室和投运总指挥部管控范围包括机场主体工程、民航配套工程和场外配套工程三大部分，受管控的部门和单位多达 51 个，尤其考虑到机场主体工程的重要性，管控工作直接深入北京新机场建设指挥部和大兴机场管理中心各部门（航站区、飞行区、工作区相关建设和运营筹备部门 27 个），管控范围广，协调难度大。

　　（3）管控时序多

　　管控工作以建设运营一体化理念为指导，对处于不同建设阶段的工程项目分别进行管控，管控阶段涉及动拆迁阶段、前期报批阶段、工程建设阶段、验收及移交阶段和运营筹备阶段，不同工程的不同阶段互相交织，彼此影响，交叉界面的分割和时序的梳理极具难度。

　　（4）管控信息杂

　　总进度管控课题组的核心工作是及时、准确、全面地收集工程进度信息，为领导层的决策判断提供支持。大兴机场的项目组成复杂，参建单位众多，造成进度信息的收集渠道和层级繁多，各单位和部门上报的进度信息会有所差异，必须经常通过电话核实、现场巡视等方式进行确认和梳理，确保上报数据的时效性和准确性。

　　针对大兴机场总进度综合管控的诸多难点，总进度管控课题组创新性地将控制论、信息论和系统论与我国"集中力量办大事"的体制优势相结合，以总进度计划为抓手，形成覆盖所有投资主体的路线图、时间表、任务书和责任单，通过跨越组织边界、跨越项目边界的手段实现工程的全天候管控，逐一化解难题。

1.3　北京大兴国际机场总进度综合管控理论与实践创新成果

　　大兴机场总进度综合管控以控制论、信息论、系统论为理论基础，突破传统的项目管理理论、理念、技术和方法，采用复杂性降解、综合集成等方法，建立"项目—组织—进度"三维视角，明确实现总进度目标的路径、关键路线和关键性控制节点，分解机场的阶段目标、项目组成和工作任务，确定各项工作对应的负责组织，梳理工作流程，建立保障机制，确保总进度目标的顺利实现。大兴机场总进度综合管控各项工作坚持理论实践相结合，以理论指导实践，以实践创新理论，形成大型民用机场建设运筹总进度管控"理念创新""组织创新""目标论证方法创新""计划编制方法创新""管控技术创新""管控机制创新"和"信息化管理创新"，具体如下。

1）理念创新

大兴机场总进度综合管控工作全面应用建设运营一体化理念,建立机场建设全生命周期视角,通过系统集成机场建设全过程的工程建设活动和运营筹备活动,将建设计划与运营筹备计划深度融合,形成工程建设与运营筹备总进度综合管控计划,改变机场建设领域长期存在的"建设运营相分离"的局面,实现机场建设与运营筹备工作的整体优化。

2）组织创新

大兴机场顺利投运得益于组织模式的科学设计,其核心思想是充分发挥、充分彰显我国社会主义制度优势,整合综合资源,实现"政府一市场"二元共同作用。此外,大兴机场在项目决策、实施、运营等不同阶段成立不同的领导组织,以一体化理念为引领,以跨组织边界管理为手段,实现组织模式、组织结构与组织功能的动态演化,不断增强组织与项目环境、项目阶段、项目需求的适配性,通过组织柔性应对环境复杂性,保障总进度目标的刚性。

3）目标论证方法创新

大兴机场突破传统基于项目静态逻辑的总进度目标论证方法,采取多种科学方法组合的策略对机场总进度目标进行论证。通过需求分析法和系统分析法厘清关系、理解项目,基于比较分析法、进度试算法和关键路径法间的相互补充和互相验证给出初步论证结果,最终通过专家论证法和计划平衡法对论证结果进行宏观把控和微观调整,确保总进度目标的科学性、合理性和可实施性。

4）计划编制方法创新

大兴机场工程建设与运营筹备总进度计划的编制突破传统项目管理中的工作结构分解（WBS）,建立"项目—组织—进度"三维视角,开展系统的项目结构分解（PBS）和组织结构分解（OBS）,使项目、组织、进度节点一一对应;以系统集成思想为指导,通过综合运用还原论和整体论方法,使总进度计划成为整个项目的路线图、时间表、任务书、责任单,形成大型复杂群体项目的复杂性降解。

5）管控技术创新

大兴机场总进度综合管控通过进度信息收集、联合巡查、风险评估、进度预警等一系列措施对工程总进度进行实时追踪控制,并以管控月报、巡查报告、预警报告、风险清单等多种形式进行信息汇总与处理,对总进度计划执行过程进行动态控制与主动控制,确保总进度计划的执行和落地。

6）管控机制创新

大兴机场总进度综合管控过程中建立了分层级、分模块的总进度目标管控机制,保证各个参与方按进度计划稳步展开工作。根据大兴机场的工程特点,按照建设和运营筹备组织层级构建了领导组织机制,包括领导决策机制、指挥调度机制、多级管控专班与专员机制等;为保障管控过程中有效的问题上报与解决,构建了执行机制,包括巡查机制、督导督办机制、专家会诊机制等。同时建立了问责机制,包括考评机制、奖惩机制等。多管齐下,环环相扣,实现了以机制驱动,以制度管人。通过科学的机制设立与坚定的制度执行,为总进度综合管控工作的顺利开展提供了坚强保障。

7)信息化管理创新

大兴机场研发了总进度综合管控信息化管理平台,实现进度信息的实时采集、及时上传和形象呈现,解决了传统项目管理中信息形式不统一、内容不规范、传递不及时等问题,工程组织、项目计划、进度节点和控制管理的一体化和平台化,相关业务数据的采集、统计、汇总和分析,也为机场高层的宏观决策与动态调度提供了数据支撑。

1.4　本书主要内容

本书的主要内容包括大兴机场总进度综合管控的组织创新、总进度目标的论证、总进度计划的编制、专项进度计划、总进度过程管控、管控机制、管控平台和发展展望,结构框架如图 1.4 所示。

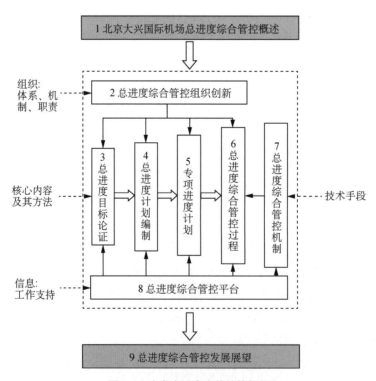

图 1.4　本书主要内容的结构框架

1.4.1 总进度综合管控的组织创新

组织是工程管理的核心,是影响工程目标实现的关键。组织治理在重大工程的建设中扮演重要的角色,已经被看成是影响项目绩效的决定性因素。大兴机场复杂的项目特点决定了项目的组织模式,形成了适应"政府—市场"二元共同作用情境的"国家—行业—投资主体"三层组织框架。随着工程建设的不断推进,组织形态呈现出动态变化的特点:在项目规划阶段,国家发改委牵头成立了"北京新机场选址协调小组";在项目实施阶段,国家发改委牵头成立了"北京新机场建设领导小组",民航局牵头成立了"民航北京新机场建设领导小组";在机场投运阶段,民航局在原民航北京新机场建设领导小组基础上成立"民航北京新机场建设及运营筹备领导小组",首都机场集团牵头成立了"北京大兴国际机场投运总指挥部"。总进度综合管控的组织架构由管控方、督查方和执行方组成,民航领导小组及其办公室、投运总指挥部和总进度管控课题组为管控方,北京大兴国际机场投运协调督导组为督查方,机场区域内外各项目的投资主体、建设(管理)单位、运营单位及相关部门共同构成执行方,三方通过不同级别的协调与沟通机制,按照组织内部的工作流程履行相应的职责,共同推动项目前行。

1.4.2 总进度目标的论证

总进度目标的论证是总进度计划编制的前提和基础。对于一般的民用机场,总进度目标论证的目的是为确定一个相对科学合理的总进度目标提供决策依据。而对于大兴机场而言,2019年9月投入使用是不可动摇的最终目标,总进度目标的巨大刚性使得其总进度目标论证工作在时序和逻辑上不同于一般的民用机场。大兴机场的总进度目标论证的工作重点是对于已有目标的科学性、合理性和可行性进行全面、深入的分析,通过访谈调研分了解信息,全面暴露矛盾,通过计划编制与评审"摆平"问题,"抹平"矛盾,采用类比研究法、模拟试算法、专家咨询法以及桌面推演法等对总进度目标进行了全面系统的论证,并作出科学合理的分解,大大提高总进度目标的权威性和可实现性。

1.4.3 总进度综合管控计划的编制

总进度综合管控计划的编制是实施总进度综合管控的重要环节。总进度综合管控工作的开展,首先必须编制能统筹和控制各项工作并使其互相匹配的总进度计划,然后以总进度综合管控计划为核心构建进度计划综合管控体系。基于进度计划体系,才能真正有效地开展总进度的跟踪控制工作,进行总进度综合管控。总进度计划编制的准备工作包括项目结构分解、组织结构分解和工作结构分解,具体的编制步骤包括思维导图构建、工作逻辑关系确定、工作持续时间估计、初步总进度计划创建、总进度计划综合平衡、关键性控制节点提取和责任分配。总进度综合管控计划的内容主要包括总进度目标分解、工程责任主体分配、工作交叉界面梳理、项目问题梳理、重点问题对策提出和整体工程建议提出，具体的工作计划包括机场主体工程、民航配套工程和场外配套工程计划。

1.4.4　专项进度计划

专项进度计划是为了解决工程中的一些特定或重大的横向综合性事项，尤其是涉及多部门多项目界面性协调工作量大的复杂事项。专项进度计划是对总进度综合管控计划的深化和补充，其实施性和操作性更强，在关键节点的确定上必须与总进度计划保持一致。为了解决大兴机场建设现场不同建设主体工序进度相互掣肘、各类在建项目交叉施工、设备投运、竣工验收等影响项目进度的重大问题，2019 年 1 月 8 日，民航局以明传电报下发通知，要求各建设及运营筹备单位补充专项计划，包括交叉作业专项计划、验收专项计划、设备纵向投运专项计划及其他重要专项计划。总进度管控课题组针对不同专项计划中存在的工作面冲突、入场时间矛盾等问题，基于时间一致性、信息完备性、安排合理性、编制角度准确性、问题综合梳理等多个方面，对 25 份专项计划和 10 份补充说明进行了深入分析和系统点评，向各单位出具了 7 份书面意见。改进和完善后的专项计划被纳入总进度综合管控体系中，取得了良好的实践效果和示范作用。

1.4.5　总进度综合管控过程

总进度过程管控是以总进度综合管控计划为基础，以现代信息技术为手段，对总进度实施过程中的信息进行收集、加工、分析和使用，用经过处理的信息流指导和控制工程建设与运营筹备的物质流。大兴机场总进度过程管控以投运总指挥部为组织保障，以建设运筹进度信息的收集和加工为工作重点，通过组建管控专班，建立联合巡查制度、风险预警制度以及日报月报等工作制度，着重解决了拖延整体项目进度的"一大三重"问题，圆满完成了全面冲刺阶段的建设扫尾工作、验收整改工作和联调联试工作以及正式投运前的多次综合演练。

1.4.6　总进度综合管控机制

总进度综合管控机制是项目总进度综合管控系统实施运作并发挥预期功能的制度保障。管控机制的建立首先是基于法律法规以及组织内部的规章制度，通过组织职能和责权的调整与配置构成规范化的工程总进度综合管控保障体系。在大兴机场总进度管控过程中，针对机场管控的领导决策组织、指挥调度组织和执行实施组织，分别建立了管控信息上报机制、专家会诊机制、考评机制、奖惩机制、问责机制、督导督办机制、巡查机制和管控专班与专员机制,这些机制的建立有效促进了不同单位的沟通协调,有力保障了总进度综合管控工作的顺利开展。

1.4.7 总进度综合管控平台

总进度综合管控的核心是信息的收集与处理。面对庞大的信息量和繁重的信息处理任务,现代信息技术的应用可以极大地提高信息处理的水平和效率。为了高标准高质量地开展大兴机场的总进度综合管控工作,在民航领导小组办公室、民航局信息中心和总进度管控课题组的共同努力下,开发出大兴机场建设与运营筹备总进度综合管控信息化平台及相应的移动端信息化平台。该平台应用现代信息技术,研究大兴机场建设与运营筹备工作进度综合管控的用户需求,构建了大兴机场高效集成实用的进度管控信息平台体系,实现了对管控信息的输入、存储、处理、输出和控制,提高了总进度综合管控的效率和水平。

1.4.8 总进度综合管控发展展望

面向"十四五"时期民用机场建设打造品质工程的新发展要求,我国民用机场建设要推动总进度综合管控协同化和智能化。首都机场集团依托高密度、大规模工程实践率先开展总进度综合管控协同化与智能化模式创新的探索。一方面,不断深化建设运营一体化理论研究并持续打造建设运营一体化组织平台,探索新型组织管理模式,以实现总进度综合管控协同化;另一方面,充分利用以 BIM 技术为核心的智能建造技术的赋能作用,不断优化基于 BIM 的总进度综合管控技术和流程,实现以进度管控为龙头的项目管理智能化。二者相辅相成,共同推进总进度综合管控面向现代工程管理能力提升的转型升级,以最大限度地满足打造民用机场品质工程的发展新要求。

第2章

北京大兴国际机场总进度综合管控组织创新

按照项目管理的基本理论,组织是目标能否实现的决定性因素。大型群体项目涉及复杂的组织系统,组织因素显得尤为重要。科学的组织管理模式和治理机制是大兴机场运筹制胜的重要保证。合理的组织结构设计、高效的领导能力、明确的指令关系、完善到位的职责与任务分工、清晰的工作流程标准是目标实现的重要基础。大兴机场建立了横向协调顺畅、纵向领导有力、整体覆盖全面的组织体系,有效解决了跨部门、跨行业、跨地域、跨阶段的重点难点问题,各单位树立了工程建设一盘棋的思想,分工不分心,确保了工程项目有序向前推进。

大兴机场工程建设管理体系和组织模式创新特色在于:"政府—市场"二元作用下的组织模式、"国家—行业—投资主体"三层组织体系、建设运营一体化动态组织治理。基于这些组织体系和组织模式,各单位相互协调,共同推进大兴机场建设运营的有序开展,为达成"6·30竣工、9·30前投运"的目标打下了坚实基础。

2.1　北京大兴国际机场项目总体组织体系

2.1.1　项目特点确定项目组织模式

大兴机场工程总占地面积约4.2万亩,包括机场主体、民航配套、外围配套三大方面的建设工作,参与的投资主体众多,工程集成度高且十分复杂,地域上跨北京、河北两个省级行政区,部分工程位于两行政区分界线上,涉及两行政区的土地问题,建设和运营管理手续的办理也比一般的机场工程更难协调。

大兴机场工程的特殊性与复杂性可以总结为"12345 + N"。

"1"是指机场是一个整体的系统工程。机场、航司、空管、航油等民航设施,地铁、高铁、高速公路等交通配套设施,水、电、气、热等外围能源保障设施均需在2019年9月30日前完成建设并投入运营,缺一不可。

"2"是指地跨两个省级行政区,规划建设手续办理,日常的沟通协调对接均需和两方分别或共同商议。

"3"是指机场主体、民航配套(东航、南航、空管、航油等)、外围配套(北京市与河北省水、电、气、轨道、高速等)三大方面协调推进,如图 2.1 所示。

"4"是指前期手续办理、建设、验收和移交、运营筹备四个阶段按建设运营一体化理念同时开展。

"5"是指机场快线、城市地铁、城际铁路、高速铁路、机场捷运五种轨道交通在航站楼下设站。这五种轨道交通方式的站台、站厅与机场航站楼统一规划、统一设计、在同一建筑结构内布置,涉及 4 个业主单位。

"N"就是指公共区内所有驻场单位众多的办公及生活设施,开航时所有建筑必须按期同步正常投运。

机场工程参与主体众多,加之技术、过程、环境的复杂性,将这些数量繁多的独立个体单位和机构协同关联,并组织起实现机场工程总进度目标就需要更大的管理强度,反映在组织结构上具有错综复杂性与多样性,即横向如协调沟通等复杂性和纵向如管理层级、工作流程等复杂性的叠加。

1)主体工程投资主体

大兴机场工程主体的投资主体为首都机场集团,由北京新机场建设指挥部统筹建设,项目分解为全场地基处理工程、全场土方工程、全场雨水排水工程、飞行区工程、航站区工程、工作区工程及货运区等工程。

2)民航配套工程投资主体

大兴机场民航配套建设工程的投资主体包括民航华北空中交通管理局、中国东方航空股份有限公司、中国南方航空股份有限公司及中国航空油料集团有限公司等。

3)外围配套工程投资主体

外围配套工程的投资主体包括中国铁路北京局集团有限公司、北京华北投大兴机场北线高速公路有限公司、京津冀城际铁路投资有限公司、北京市基础设施投资有限公司、北京新航城控股有限公司、国网冀北电力有限公司、国网北京市电力公司、北京市燃气集团有限责任公司、北京自来水集团等。

2.1.2 "国家—行业—投资主体"三层组织框架

为适应大兴机场复杂的工程特点,协调好组织间、地域间、专业间关系,确保大兴机场顺利投运,大兴机场项目组织形成了复杂、有序的项目组织,大兴机场的组织特色可归纳为:"国家—行业—投资主体"三层组织体系。

1)国家层面

在国家层面,由国家发展改革委牵头成立了包括自然资源部、生态环境部、水利

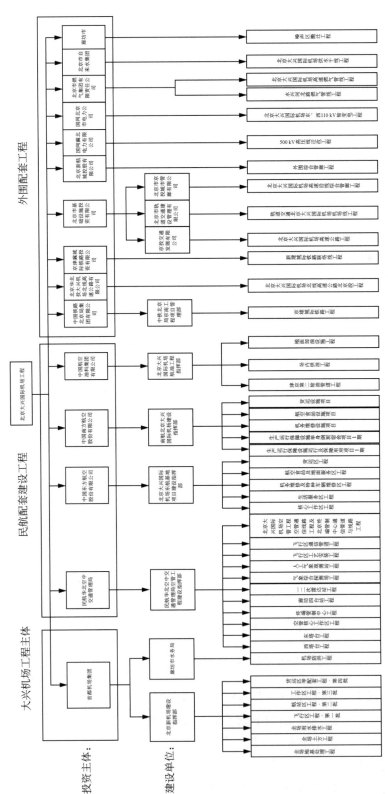

图 2.1　北京大兴国际机场的投资主体和项目分解结构关系图

部、海关总署、质检总局、民航局、京津冀三地政府等组成的"北京新机场建设领导小组",旨在管大事、抓协调、解难题,科学把握大兴机场的基本原则,保障大兴机场工程顺利实施。由于项目涉及北京市和河北省两个行政区,为组织协调机场建设工程的相关工作,两地政府分别成立了临时组织。北京市政府成立了"北京市协调推进大兴机场建设工作办公室",大兴区政府成立了"大兴区大兴机场建设领导小组"。河北省政府成立了"河北省北京新机场及临空经济区建设指挥部办公室",廊坊市政府成立了"廊坊市北京新机场和临空经济区建设指挥部"。

2)行业层面

在行业层面,民航局成立了"民航北京新机场建设领导小组",随着项目进展,为保证按时完成建设任务并顺利投入使用,民航局决定在原民航北京新机场建设领导小组基础上成立了"民航北京新机场建设及运营筹备领导小组",全面负责组织、协调地方政府、相关部委以及民航局机关各部门及局属相关单位,统筹做好大兴机场建设运营筹备等各项工作。民航局高度重视大兴机场工程建设和运营筹备工作,调整领导小组职能和成员,既突显了"建设运营一体化"理念,适应大兴机场从工程建设为主转变为建设和运营筹备并进的形势要求,同时也充分体现出"举全局之力""举全民航之力"做好大兴机场建设和运营筹备工作的决心和信心。

3)投资主体层面

在投资主体层面,大兴机场工程涉及投资主体共计 24 个。其中,民航局直属机构首都机场集团成立了"北京新机场建设指挥部",完成大兴机场主体建设工程。民航华北空中交通管理局成立了"民航华北地区空管局指挥部",中国航空油料集团有限公司成立了"北京新机场航油建设指挥部",中国东方航空股份有限公司成立了"东航北京新机场建设指挥部",中国南方航空股份有限公司成立了"南航北京新机场建设指挥部",共同完成民航配套建设工程。此外,外围配套工程的投资主体还包括中国铁路北京局集团有限公司、北京华北投新机场北线高速公路有限公司、京津冀铁路投资有限公司、北京市基础设施投资有限公司等。

综上,大兴机场组织体系如图 2.2 所示。

2.1.3 "政府—市场"二元作用下的组织模式

大兴机场顺利投运得益于组织模式的科学设计,其核心思想是充分发挥、充分彰显我国社会主义制度优势,整合综合资源,实现"政府—市场"二元共同作用。这种重大工程组织模式具有鲜明的国情、制度和文化情景特征,是改革开放四十多年来我国重大工程领域组织不断创新的结果。

大兴机场的实施需要调动大量的社会资源,涉及诸多单位、系统和部门,是一个开放的社会经济系统,"超越项目边界,超越组织边界",体现出不同于一般工程的广度、

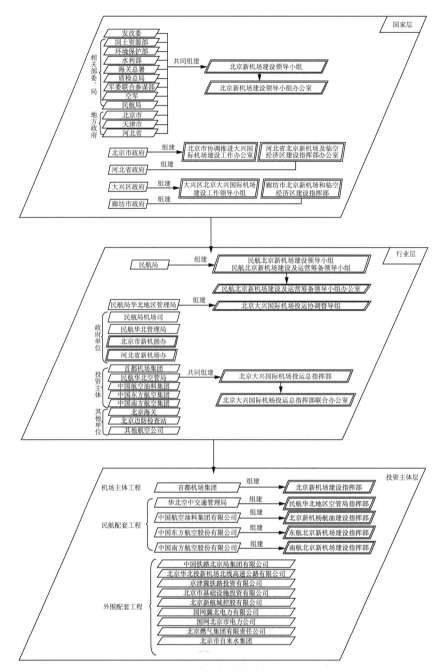

图 2.2 "国家—行业—投资主体"三层组织框架

深度和复杂性。其组织模式受到制度环境的深刻影响,具有"政府—市场"二元共同作用的突出特征,一方面很好地体现出市场在工程资源配置中的决定性地位,实现了资源配置的效益最大化和效率最大化;另一方面,更好地发挥了政府在重大工程中的高质量决策、顶层治理、跨域协调和制度创新方面的作用。

大兴机场"政府—市场"二元共同作用下的组织模式是构建高效能和动态性的组织功能的基础,也是顺利完成进度目标的重要保证。在政府治理范畴,采用垂直行政治理手段,属于政府委托式代理;在市场治理层面,采用水平市场治理手段,属于合同委托式代理;而介于政府和市场之间的行业层和投资主体层所处的环境是两个组织系统的"过渡区",具有"兼容性"特征,是"政府—市场"二元共同作用碰撞最强烈、交互最频繁的区域。大兴机场工程组织模式的"政府—市场"二元共同作用组织模式如表 2.1 所示。

表 2.1　北京大兴国际机场"政府—市场"二元组织模式

	组织结构图	组织构成	性质	行政级别	任职	名称	组织特征
国家层		国家部委	常设	部级		国家发改委	
		国家级项目领导机构	临时	部级	兼任	北京新机场建设领导小组	内无部门,由成员构成领导集体
		领导机构办公室	临时	由兼任主任确定级别	全职	北京新机场建设领导小组办公室	内设职能部门有负责人及办事人员
		地方政府	常设	省市级		北京市、河北省	
		地方项目领导机构	临时	市区级	兼任	北京市协调推进北京大兴国际机场建设工作办公室、河北省北京新机场及临空经济区建设指挥部办公室、大兴区北京大兴国际机场建设工作领导小组、廊坊市北京新机场和临空经济区建设指挥部	内无部门,由成员构成领导集体
		地方领导机构办公室	临时	由兼任主任确定级别	全职	以上相应办公室	内设职能部门有负责人及办事人员
行业层	↓ 行政指令						
		民航局	常设	副部级			
		民航局领导机构	临时	副部级	兼任	民航北京新机场建设及运营筹备领导小组	内无部门,由成员构成领导集体

续表

	组织结构图	组织构成	性质	行政级别	任职	名称	组织特征
行业层		民航局领导机构办公室	临时	由兼任主任确定级别	全职	民航北京新机场建设及运营筹备领导小组办公室	内设职能部门有负责人及办事人员
		首都机场集团/民航华北空管局/中国航空油料集团有限公司/东航/南航	常设	有相应级别			
		以上机构联合指挥机构	临时		兼任	北京大兴国际机场投运总指挥部	内设职能部门，有负责人及办事人员
		以上机构联合指挥机构办公室	临时	由兼任主任确定级别	全职	北京大兴国际机场投运总指挥部联合办公室	
	↓行政指令						
投资主体层		首都机场集团	常设	有相应级别		首都机场集团	
		其他投资主体	常设	有相应级别		民航华北空管局/中国航空油料集团有限公司/东航/南航	
		各投资主体指挥部	临时		全职/兼职	北京新机场建设指挥部/民航华北空管局指挥部/北京新机场航油建设指挥部/东航北京新机场建设指挥部/南航北京新机场建设指挥部	内设职能部门有负责人及办事人员
	↓合同关系						
实施层		项目实施单位	临时	无	全职	设计团队、施工团队、供应团队、咨询团队等	实施公司派出的项目团队
		生产机构	常设	国企有相应级别	全职	设计院、工程公司、咨询公司、供应公司等	工商、税务登记注册的法人单位

1）政府作用

重大基础设施工程的特殊地位决定了政府在项目发起和实施阶段的决策过程中扮演着不可或缺的主导性角色，对工程实施和运营产生重大影响。政府作用在中国重大工程建设中的作用尤为突出，世界上从未有一个国家像中国这样以重大工程二元组织方式进行国家建设。我国重大工程成功的组织经验得到国内外理论界和实践界的广泛关注。

2）市场作用

大兴机场项目有 24 个投资主体，主体工程、民航配套建设工程及外围配套工程建设中，合同制、招投标制、承发包模式等被广泛运用。实践证明，市场机制在资源配置中具有更高的效率，有助于实现资源配置的效益最大化和效率最优化。在大型民用机场工程领域，市场的介入对通过竞争或者市场管控来确保责任大有裨益，并在技术方案选择和创新、专业化、风险管理等方面具有明显的优势。但是，单一的市场化远非是解决大型民用机场工程风险与责任问题的灵丹妙药，市场的逐利性可能引发公共利益的损害以及局部领域的过度投入，极大地降低工作效率，不利于大型民用机场工程的可持续发展，这就需要政府宏观调控和制定合理的制度框架来进行有效治理。

3）"政府—市场"二元共同作用

大兴机场项目组织模式充分体现了"政府—市场"二元治理和共同作用关系。正如习近平总书记强调，在政府作用和市场作用的问题上，要讲辩证法、两点论，"看不见的手"和"看得见的手"都要用好。与国外相比，大兴机场组织模式具有自身强烈的特殊性，这与我国政治经济体制、制度情景和发展阶段是分不开的。由于重大工程战略意义大、复杂性较高，在一个地区、一段时间内市场资源能力不足，"集中力量办大事"在我国仍然具有广阔作用空间。这里的"集中力量"就是借助政府和市场的双重力量，整合综合资源，"大事"则指国之重器，是对全局具有影响的"关键工程"，而"办"则集中体现了事情的难度、实现目标的决心以及二元治理下的高效能。在大兴机场工程建设中，民航局外部协同各部委、京冀两地政府实现对公共利益的协调，内部首都机场集团协同华北空管局、中航油、东航、南航等投资主体，实现对工程资源的整合。

2.2 组织结构及其动态演化

2.2.1 国家层面动态组织结构

2008 年 4 月 14 日，由国家发改委牵头，会同民航局、京津冀三地政府成立北京新机场选址协调小组，负责协调新机场选址的重大问题并提出新机场选址推荐方案，国家发改委副主任担任小组组长。2013 年 2 月 26 日,北京新机场建设领导小组正式成立,国家发改委副主任担任第一届领导小组组长,负责新机场建设过程中的总体工作部署。副组长分别由民航局副局长、北京市、河北省常务副市(省)长等担任。领导小组成员包括自然资源部、生态环境部、水利部、海关总署、质检总局、民航局、北京市、天津市、河北省等的相关负责人。

大兴机场地域上跨北京、河北两个行政区,部分工程位于两行政区分界线上,涉及两个行政区的土地问题,建设和运营管理手续的办理也比一般的机场工程更为特殊。为此,北京市政府成立了"北京市协调推进北京大兴国际机场建设工作办公室",大兴区政府成立了"大兴区北京大兴国际机场建设领导小组"。河北省政府成立了"河北省北京新机场及临空经济区建设指挥部办公室",廊坊市政府成立了"廊坊市北京新机场和临空经济区建设指挥部"。

2.2.2 行业层面动态组织结构

2011 年 3 月 8 日,民航局成立了"北京新机场民航工作领导小组",标志着北京新机场建设进入实质推进阶段。2013 年 12 月 19 日,民航局成立了"民航北京新机场建设领导小组"(民航发〔2013〕100 号),时任民航局局长任组长。2016 年 7 月 18 日,民航局调整北京新机场建设领导小组成员,民航局三总师以及局机关相关司局、民航局空管局、民航华北地区管理局和华北空管局、首都机场集团负责人均为领导小组成员。领导小组下设安全安防、空管运输、综合协调 3 个工作组。2018 年 3 月 13 日,为保证大兴机场按时完成建设任务并顺利投入使用,民航局党组决定在原"民航北京新机场建设领导小组"基础上成立"民航北京新机场建设及运营筹备领导小组",全面负责组织、协调地方政府、相关部委以及民航局机关各部门及局属相关单位,统筹做好大兴机场建设运营筹备等各项工作,时任民航局局长任领导小组组长,民航局三总师以及局机关相关司局、民航局空管局、民航华北地区管理局和华北空管局、首都机场集团负责人均为领导小组成员。领导小组下设安全安防、空管运输、综合协调和空防安全 4 个工作组。

民航领导小组研究讨论有关建设重点事项,列出问题清单并对纳入清单的事项进行督办。为理顺决策与执行的关系,创新成立北京大兴国际机场投运总指挥部和投运协调督导组。投运总指挥部设在首都机场集团,以便更好统筹安排各方资源;协调督导组设在华北局,方便更好地发挥行业主管部门督促、指导、协调作用,全力推动机场投运。后成立北京大兴国际机场民航专业工程行业验收和机场使用许可审查委员会及其执行委员会,全面覆盖局内协调,局外指挥、督导、验收和审查各环节的组织保障工作。进一步明确投运工作任务,夯实责任,为打造"四个工程",顺利开展投运工作提供了组织保障。

2.2.3　投资主体层面动态组织结构

首都机场集团是大兴机场的项目法人。首都机场集团成立大兴机场工作委员会，建立"统筹决策—组织协调—板块执行—全员支持"的运营筹备架构体系，集中优势资源，发挥专业优势；成立"民航北京新机场建设及运营筹备领导小组"集团对接工作组，推动落实各项专题工作；按照民航局统一部署，建立投运总指挥部，联合航空公司、空管、航油、海关和边检等 15 家驻场单位，打破驻场单位之间沟通壁垒，跨组织边界协同推进，开展现场巡查，协调进度纠偏，集中会商决策环境整治、提升行动计划、综合演练实施方案等投运议题 52 项，协调解决交叉施工、双环路供电、投运首航等一系列急重事项。

2010 年 12 月 23 日，首都机场集团成立了北京新机场建设指挥部，并设立相应的领导班子和临时党委，任命首都机场集团总经理为总指挥，首都机场集团副总经理为执行指挥长。北京新机场建设指挥部受首都机场集团领导，在项目可行性研究及论证阶段，主要负责征地拆迁问题与组织协调问题。在机场项目开工后，主要负责项目现场的管理规划与跨地区、跨部门的组织协调问题，全面支持大兴机场项目建设的各方面协调工作。

在大兴机场建设进入决战决胜的关键阶段，为充分发挥首都机场集团、各建设及运营筹备单位在大兴机场建设及运营筹备过程中的主体责任和自身作用，确保大兴机场顺利按期投运，经民航局研究决定成立投运总指挥部。投运总指挥部由首都机场集团、东航（中联航）、南航、华北空管局、中航油、北京海关、北京边防检查总站等单位组成。

2018 年 8 月 27 日，为了使项目责任单位更好统筹安排各方资源，更好发挥行业主管部门督促、指导、协调作用，全力推动机场投运，民航局成立了大兴机场投运协调督导组，设在民航华北管理局。

2018 年 7 月 10 日，首都机场集团北京大兴国际机场管理中心正式成立，首都机场集团副总经理任管理中心总经理。大兴机场管理中心承担投运总指挥部日常事务及具体协调工作，管理中心内设 27 个部门。

其他投资主体，如民航华北空中交通管理局于 2017 年 6 月 29 日设立民航华北空中交通管理局指挥部，中国航油集团公司于 2016 年 1 月 6 日成立北京新机场航油工程指挥部。南航于 2013 年 8 月成立南航北京新机场建设指挥部，东航于 2014 年 4 月 11 日成立东航北京新机场建设指挥部。

相关组织动态演化图如图 2.3 所示。

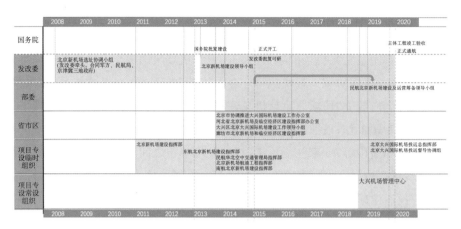

图 2.3　北京大兴国际机场组织演化图

2.3　总进度综合管控组织架构

根据《民用机场工程建设与运营筹备总进度综合管控指南》(MH/T 5046—2020),管控组织架构是指开展机场工程总进度综合管控工作的组织整体结构,本质是为实现项目总进度目标,明确综合管控的组织内分层级机构设置、职责权限、工作程序和相关要求的制度安排。

总进度综合管控工作的开展是大兴机场得以按时投运的重要保障。2018 年 4 月 30 日,民航领导小组引入总进度管控课题组对大兴机场建设与运营筹备工作总进度加以管控。在 2018 年 5 月至 2019 年 9 月共 16 个月的时间内,大兴机场建立了完善的管控体系,以总进度计划为指导,以联合巡查等为手段,期间共联合民航协调督导组领导以及各单位管控专员进行了 8 次月度联合巡查和 7 次月中巡查,出具了 14 份总进度综合管控月度报告及多份专项报告。大兴机场的整体工期通过进度纠偏压缩了 1.7 个月,"6·30 竣工,9·30 前投运"的目标得以圆满实现。

大兴机场总进度综合管控组织架构设置从利于项目计划目标实施控制的角度出发,面向总体任务,最大限度地提高信息流在组织内部的传递速度。总进度管控课题组对整体工程信息进行收集、分析、处理、加工,并最终以简洁清晰的方式,将相关信息向决策层汇报,提供决策支持。

2.3.1　总进度综合管控组织结构

总进度综合管控组织结构,是机场区域内外各项目投资主体、建设(参建)单位、运营单位及相关部门的有机组合。其结构确定了总进度综合管控组织中各单位和部门之间的指令关系和报告关系,进而确定了将个体组合成部门、部门再组合成整个综合管控组织的方式,包含了确保跨组织沟通、协作和力量整合的制度设计。

为了协调统筹各投资主体的建设和运营筹备工作,在民航局层面特设民航领导小组,作为民航系统工程的最高领导层。在大兴机场建设进入了决战决胜的关键阶段,经民航局研究决定成立投运总指挥部和投运协调督导组。投运总指挥部由首都机场集团、东航(中联航)、南航、华北空管局、中航油、北京海关、北京边防检查总站等单位组成。总进度管控课题组直接服务于投运总指挥部,在其领导和支持下开展总进度综合管控工作,为投运总指挥部提供决策依据。图 2.4 是大兴机场总进度管控组织架构。

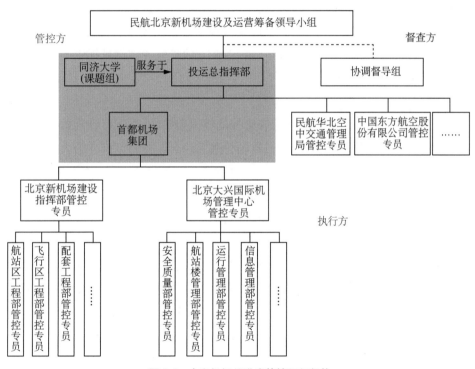

图 2.4　大兴机场总进度管控组织架构

2.3.2　管控方、督查方与执行方

在机场工程总进度综合管控的组织架构中,尤其是大型复杂机场工程,通常有管控领导决策层、管控指挥调度层和管控执行实施层三个层级。管控领导决策层是指管控方中的机场项目民航领导小组,是机场工程的管理高层,负责总进度综合管控的重大决策,如总进度综合管控工作领导和部署、总进度计划的发布、高层或重大问题协调和决策等;管控指挥调度层是指管控方中的建设与运营筹备指挥机构,负责总进度综合管控的指挥调度,如按总进度计划推进机场工程建设与运营筹备工作、总进度综合管控中各种资源的调动协调安排及纠偏责任落实等;管控执行实施层是指管控方中的

进度管控工作组、督查方、执行方的管控专班与管控专员，负责总进度综合管控工作的执行实施。大兴机场总进度综合管控组织具体分为管控方、督查方和执行方。

1）管控方

管控方是指机场工程总进度综合管控的组织架构中，行使总进度控制、调度和协调等职责的机构。

总进度管控课题组在民航领导小组办公室和投运总指挥部的领导下，运用工程项目管理和项目总控等理论和方法，基于国内外相关理论研究与实践，在充分分析研究大兴机场建设和运筹特点的基础上成功开展了总进度综合管控工作。管控工作直接深入北京新机场建设指挥部和大兴机场管理中心部门层次，与各部门管控专员建立联系开展管控工作，获得第一手数据。总进度管控课题组主要负责总进度计划的编制、总进度综合管控的信息处理（信息收集、信息加工、信息服务和信息提供等），总进度综合管控的措施建议等。

2）督查方

督查方是指在机场工程总进度综合管控的组织架构中，对进度计划执行过程行使监查、督办和问责等职责的机构。大兴机场总进度综合管控的督查方为大兴机场投运协调督导组。

3）执行方

执行方是机场区域内外各项目的投资主体、建设（管理）单位、运营单位及相关部门的有机组合。贯彻建设运营一体化理念，有助于梳理各个投资主体、各类工程项目所对应的建设和运筹工作在工程推进过程中的关键线路和界面问题，实现不同工作计划之间的统筹衔接，以及更有效地对整体工程的总进度进行综合管控，从而保障工程按时优质投入使用。大兴机场总进度综合管控计划责任单位如表 2.2 所示。

表 2.2　投运总指挥部建设与运营筹备总进度综合管控责任单位一览表

投资主体	工程项目名称	建设（管理）单位	运营筹备单位
首都机场集团	全场地基处理工程	北京新机场建设指挥部	北京新机场建设指挥部大兴机场管理中心
	全场土方工程		
	全场雨水排水工程		
	飞行区工程		
	航站区工程		
首都机场集团	工作区工程	北京新机场建设指挥部	北京新机场建设指挥部大兴机场管理中心
	货运区等配套工程		
	新增立项工程		
	机场防洪工程	廊坊市水务局	

续表

投资主体	工程项目名称	建设(管理)单位	运营筹备单位
民航华北空中交通管理局	西塔台工程	民航华北空中交通管理局空管工程建设指挥部	民航华北空中交通管理局运营筹备部门
	东塔台工程		
	空管核心工作区工程		
	终端管制中心工程		
	廊坊四台站工程		
	一二次雷达站工程		
	气象综合探测场工程		
	飞行区工艺安装工程		
	飞行区通信管道工程		
	空管通信线路工程		
中国东方航空股份有限公司	核心工作区工程	东航基地项目建设指挥部	中国东方航空有限公司运营筹备相关部门、中国联合航空公司
	生活服务区工程		
	机务维修区工程		
	航空食品级地面服务区工程		
	货运区工程		
中国南方航空股份有限公司	机务维修设施项目	南航北京大兴国际机场建设指挥部	南航运营筹备相关部门、南航北京分公司运营筹备组
	生产运行保障设施单身倒班宿舍项目Ⅰ期		
	航空食品设施项目		
	生产运行保障设施运行及保障用房项目		
	货运设施项目		
中国航空油料集团有限公司	津京第二输油管道工程	北京大兴国际机场航油工程指挥部	京津冀管道运输有限公司
	场内供油工程		中航油(北京)机场航空油料有限责任公司
	地面加油设施工程		中航油空港(北京)石油有限公司
中国铁路北京局集团有限公司	京雄城际铁路工程	中铁北京局京南工程项目管理部	中铁北京局京南工程项目管理部运营筹备部门
北京华北投北京大兴国际机场北线高速公路有限公司	北京大兴国际机场北线高速公路北京段工程	北京华北投北京大兴国际机场北线高速公路有限公司	北京华北投北京大兴国际机场北线高速公路有限公司运营筹备部门

续表

投资主体	工程项目名称	建设(管理)单位	运营筹备单位
京津冀城际铁路投资有限公司	新建城际铁路联络线工程	京津冀城际铁路投资有限公司	京津冀城际铁路投资有限公司运营筹备部门
北京市基础设施投资有限公司	轨道交通北京大兴国际机场线工程	北京市轨道交通建设管理有限公司	北京市轨道交通建设管理有限公司运营筹备部门
	高速公路工程	京投交通发展有限公司	京投交通发展有限公司运营筹备部门
	高速沿线综合管廊工程	北京市京投城市管廊有限公司	京投交通发展有限公司运营筹备部门
北京新航城控股有限公司	外围综合管廊工程(除北京大兴国际机场高速沿线管廊)	北京市京投城市管廊有限公司	北京市京投城市管廊有限公司运营筹备部门
		北京新航城控股有限公司	北京新航城控股有限公司运营筹备部门
国网冀北电力有限公司	500 kV 高压线迁改工程	国网冀北电力有限公司	国网冀北电力有限公司
国网北京市电力公司	北京大兴国际机场东、西110 kV输变电工程	国网北京市电力公司	国网北京市电力公司
北京市燃气集团有限责任公司	永兴河北路燃气管线工程	北京市燃气集团有限责任公司	北京市燃气集团有限责任公司
	高速燃气管线工程		
北京自来水集团	供水干线工程	北京自来水集团	北京自来水集团兴润水务

2.4　总进度综合管控组织机制

2.4.1　内外协调治理机制

　　大兴机场项目综合性强、协同推进难度高。建设手续办理与开工时间匹配、飞行区与航站区交叉施工、地下穿越交通与场区其他项目交叉施工、外围能源供给与工地能源需求衔接、校飞及试飞与地面建设衔接等大量需协同推进的工作,为大兴机场建设带来巨大挑战,对组织的内外协调治理机制提出了极高的要求。

1）外部协同

国家发改委作为领导小组牵头单位,先后召开 10 次领导小组会议,组织协调各相关部委和地方政府协同开展工作,并在大兴机场布局规划、前期审批、综合交通体系建设等方面给予了大力支持。

大兴机场地跨北京、河北两地。民航局、北京市、河北省联合建立了三方协调联席会议机制,形成与北京新机场建设指挥部"3＋1"工作机制,研究协调解决涉及三方的重大问题。民航局与北京市、河北省分别建立了"一对一"工作沟通协调机制,定期召开工作协调会。通过与两地政府的 4 次"一对一"协调会,解决了征地拆迁、第四批项目报建、加快工程验收、场外能源设施保障、进出场道路运输保障等急迫的问题。创新性地采用"一会三函""联合验收"等模式,保障大兴机场依法合规快速推进,解决了一系列重大问题。

2）内部协作

为了协调统筹各投资主体的建设和运营筹备工作,在民航局层面特设民航领导小组,作为民航系统工程的最高领导层。在大兴机场建设进入了决战决胜的关键阶段,经民航局研究决定成立投运总指挥部和投运协调督导组。首都机场集团作为投运总指挥部的总指挥单位,负责统筹协调所有单位共同推进大兴机场的建设和运营准备工作。

投运总指挥部积极协调、协调督导组主动参与,勇于担当,航空公司精诚协作,各单位舍小利、顾大局,使得航站楼前交叉施工、航站楼空侧交叉施工顺利开展。民航局机场司、飞标司、华北局、大兴机场、华北空管局、校飞中心和相关航空公司打破常规,创新工作方法,紧密衔接、压茬推进,实现地面工程建设与空中通路建设精准衔接,确保验收、校飞、试飞等关键任务紧密开展,为顺利开航打下坚实基础。航站楼下高铁、城际铁路和轨道交通实现由北京新机场建设指挥部统一代建,避免了施工交叉和建设标准不统一等问题。图 2.5 为投运总指挥部内部协作示意图。

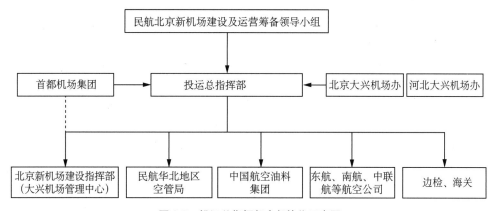

图 2.5 投运总指挥部内部协作示意图

2.4.2　投运总指挥部工作职责与机制

在投运总指挥部发布的《北京大兴国际机场投运总指挥部工作方案》的组织方案中,明确了投运总指挥部工作职责与机制。

1)工作职责

(1)统筹规划、组织实施大兴机场投运工作。

(2)负责大兴机场投运期间重大事项的统筹协调以及重大突发事件的处置。

(3)组织制订大兴机场投运方案,督促相关单位编制投运工作方案。

(4)督促各单位做好机场使用许可申请的各项准备工作。

(5)定期对各单位落实大兴机场投运方案和各单位投运工作方案的执行情况进行检查,及时督促解决发现的问题。

(6)统筹协调、制订各阶段的调试、测(调)试和运行及应急演练工作计划,并督促按计划实施。

(7)组织对大兴机场校飞、试飞、航空资料发布、飞行程序设计、机坪管制运行、低能见度运行、航空器除冰、场道除雪、绕行滑行道使用、A‐SMGCS实施、跑道防侵入、组合机位运行、U形机坪机位运行、开口V形跑道运行、净空排查治理、民航运行数据共享与系统对接、A‐CDM建设、航空器运行和大面积航班延误保障等重点工作的研究,并制订保障方案。

(8)收集整理大兴机场投运工作问题,并建立相应的问题库,及时沟通协调,研究解决。

(9)编制大兴机场投运工作月报。

(10)落实民航北京新机场建设及运营筹备领导小组、工作组、投运协调督导组交办的事项。

2)工作机制

(1)联席会议机制

投运总指挥部联席会不定期召开,工作重点为协调解决重大问题,审核投运、转场及演练方案并协调内部组织落实。

例行联席会在备战阶段(投运总指挥部成立至2019年6月30日)每月召开一次,平时由执行总指挥例行会议召集召开,可以由大兴机场建设指挥长联席会议代行。工作重点为督办并协调各单位按照综合管控计划和投运方案完成各项关键工作;临战阶段(2019年7月1日至9月9日)每两周召开一次例行联席会,工作重点为统筹组织协调各阶段的调试、测试和运行应急演练计划,并督促各单位按计划实施;决战阶段(2019年9月10日起)每周召开一次例行联席会,从投运总指挥部例行联席会议向大兴机场管理委员会会议过渡,工作重点为统筹组织开展各单位开航前各项问题的整改工作。

专题联席会不定期召开,首都机场集团对接民航领导小组四个专项工作组召开会议,协调解决投运期间各单位需专项解决的问题及突发问题。

(2) 工作报告机制

备战阶段月报内容为运营筹备、投运关键工作进展、需协调解决问题及进展等方面,上报时间为每月 25 日下班前;临战阶段周报内容为工程验收、设备测试调试、专项演练、综合演练、需协调解决问题及进展等方面,上报时间为每周四中午 12:00 前;决战阶段日报内容为投运前流程、程序、规则优化进展,关键问题的解决情况,开航前准备情况,上报时间为每日下午 3 点前。

3) 督办机制

(1) 问题分级

问题采用分级管理的原则,如图 2.6 所示。

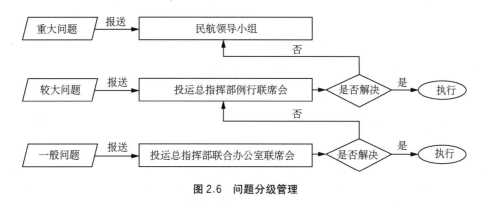

图 2.6 问题分级管理

重大问题。需向民航局、北京市、民航华北局、首都机场集团等上级主管机构或政府主管部门决策解决的问题。解决途径:报请民航领导小组解决。

较大问题。涉及大兴机场需要各分指挥部之间协调解决的建设及运营筹备的问题。解决途径:报请投运总指挥部例行联席会协商解决。

一般问题。涉及影响工作层面沟通决策的问题。解决途径:由投运总指挥部联合办公室联席例会协商解决。

问题升级。针对经过各级协调仍无法解决的问题,可将问题升级,提交上一层级协调机制讨论解决。

(2) 清单管控

投运总指挥部联合办公室定期收集整理相关问题,建立不同级别问题清单,明确解决责任单位、解决途径和解决时间。定期对清单问题解决进展跟踪和管控,督促各单位按照清单解决相关问题。

(3) 通报督办

各级问题由投运总指挥例行联席会及办公室联席例会进行通报督办,跟进问题整改进度并视完成情况关闭问题。

4）应急机制

（1）专家团队

要求各分指挥部及首都机场集团各专业子公司建立大兴机场投运专家团队，借助本单位（集团）行业专家、业务骨干力量，完善投运方案，建立陪伴运行机制，确保大兴机场顺利平稳过渡第一年运行期。

（2）专用通道

要求各分指挥部及集团各专业公司建立解决投运问题的绿色专用通道暨内部高效决策机制，快速高效地解决影响投运工作关键问题。

2.5　总进度综合管控组织职责与流程

2.5.1　总进度综合管控方工作职责与流程

根据《关于进一步加强2019年北京大兴国际机场总进度综合管控工作的通知》精神，管控工作主要包括以下九方面。

1）总进度月度管控工作

总进度月度综合管控工作具体安排，如表2.3所示。

表2.3　总进度月度综合管控工作具体安排

日期	工作内容
1—4 日	实际进展统计数据的整理汇总分析，编制总进度综合管控月报
5 日	发布《总进度综合管控月报》
6—8 日	月报工作总结
9—10 日	月中巡查准备，制订月中巡查路线和计划
13—15 日	现场中期进度巡查，了解建设与运筹进展情况，针对当月设定的目标，分析未来可能存在的问题及风险，并进行预警
16—20 日	巡查工作总结并发布进度风险预警报告
21—24 日	月度复核准备，制订月度巡查路线和计划
25 日	接收（各单位）提交的月度统计表，做数据一致性检查及初步分析
26—30 日	实际进度信息收集，现场检查复核

2）总进度综合管控计划编制和深化工作

总进度综合管控计划编制和深化工作具体安排示例如表2.4所示。

表 2.4　总进度综合管控计划编制和深化工作具体安排

日期	工作内容
3 日前	建立管控模型并编制总进度综合管控计划初稿,收集整理各单位对管控计划编制和深化意见
11—13 日	走访相关单位,考核实际情况
14—18 日	调整管控模型相关数据输入,基于 CPM 方法,分析计算计划参数,并集中讨论,形成初步分析意见
19—22 日	总进度管控课题组进行辅导,与各单位形成一致意见
23—24 日	管控计划编制完成,上报投运总指挥部并报民航领导小组办公室进行审核,形成最终意见
25 日	修订意见反馈给相关单位或部门,完成终稿

3）各单位自身进度管控工作开展情况考评工作

各参建单位均编制各自的总进度计划,并开展自身层级的进度管控工作。实施过程中发现,不同单位层级的管控工作存在较大差异,如计划编制和进度管控的深度还不够,涉及多单位及部门配合的诸多综合性节点缺乏详细计划。除此之外,各单位的进度信息填报、滞后工作纠偏力度、专项计划编制、运营筹备文件编制等方面有待进一步提升。为此,总进度管控课题组在投运总指挥部的领导下,对各单位自身层级的进度管控体系进行调查并指导,推动问题的高效解决。

（1）考评内容

资料分析。事先要求相关单位提供资料（包括自身编制的进度计划、管控制度及方案、自身层级的管控成果,例如月度进度报告、各专项计划如交叉作业专项计划、验收专项计划、安装—调试—培训—验收—移交接收专项计划、搬迁专项计划等）并对以上资料进行初步分析,为现场考评工作做好准备。

现场考评。现场实地走访相关单位,并对其进度计划的内容和执行、管控制度及方案的系统性和合理性、管控成果的全面性和有效性,以及专项计划的完整性等进行现场考评打分,当面座谈并提供指导建议。对管控工作不全面、不深入、流于形式的单位要求其修改完善相关内容,并提交总进度管控课题组二次审核或多次审核（视需要）。

持续跟踪反馈。对相关单位修改后的进度计划、管控方案等资料进行二次或多次（视需要）检查分析,并提供反馈意见,帮助改进。

报告编制。完成所有单位考评工作后,对考评工作的过程、成果和无法解决的问题,书面报告投运总指挥部和协调督导组,抄送民航领导小组办公室。

（2）考评计划

大兴机场自身进度管控工作开展情况考评计划如表 2.5 所示。

表 2.5   机场自身进度管控工作开展情况考评计划

工作时间	工作内容
5 天	收集整理相关单位提供的资料并进行内部分析
1 天	走访北京新机场建设指挥部
1 天	走访东航指挥部等东航北京大兴国际机场相关单位
1 天	走访南航指挥部等南航北京大兴国际机场相关单位
1 天	走访航油指挥部等航油北京大兴国际机场相关单位
1 天	走访空管指挥部等空管北京大兴国际机场相关单位
5 天	走访北京市、河北省、北京大兴国际机场相关单位(该项工作由投运总指挥部视需要安排)
5~8 天	对各单位不合格的进度管控文件由各单位自行修改后进行二次或多次(视需要)分析并提供反馈
3 天	完成考评工作并形成书面报告

4)总进度专家会诊工作

(1)存在的问题

管控工作中发现如下一些问题:少数进度信息流通受阻、各单位自身进度管控力度尚待加强、专项计划编制深度有待提升等。总进度管控课题组视需要遴选出核心进度问题,邀请专家进行会诊,作为总体管控手段的补充。

(2)专家会诊的作用

专家会诊的主要作用包括:①针对目前暴露的或潜在的重大问题采用实例法、理论分析法等方法,利用专业知识进行分析、论证、总结,找出科学合理的解决方案。②针对工程中的"疑难杂症"采取有效的应对措施及解决方案,使工程中的突发问题得到快速解决。③合理预测后续可能遇到的重大风险和困难并提前采取应对措施,防患于未然,将风险降到最低。

(3)具体安排

专家会诊工作视需要安排由总进度管控课题组中一名成员负责介绍项目进展情况、当前遇到的困难或由专家通过工地实际考察发现的问题,并提出相应的解决措施,最终形成专家意见。

(4)专家意见落实

专家会诊形成的专家意见将第一时间传递给相关单位并在信息管控平台发布,报告投运总指挥部;视情况通过月报或总进度综合管控信息化平台向各单位及领导进行汇报。专家会诊时的专家意见纳入日常监控体系,确保专家意见落实。

5)督办工作

针对进度延后、未采取纠偏措施、纠偏效果不明显等问题,由总进度管控课题组配合投运总指挥部、协调督导组，并报请民航领导小组办公室签发进度督办单等督办文件，限时回复和整改。同时，配合投运总指挥部对这些问题持续跟踪直至解决。通过对管控力量的进一步整合，形成综合优势，构建高效的综合管控机制。针对易发多发问题开展"回头看"，始终保持不减的管控力度。

6）联合巡查工作

（1）巡查准备

巡查工作与每月进度预警报告和月报编制结合在一起开展。每月 9—10 日进行月中巡查准备，制订巡查路线和计划。21—24 日开展月度复核准备，确定月度巡查路线和计划。

（2）巡查单位

在投运总指挥部领导下，以总进度管控课题组为主，会同协调督导组等其他相关单位开展进度巡查。

（3）问题解决

如发现一般问题，相关单位或部门须相互协调解决。如涉及重大的交叉作业问题，上报投运总指挥部。

7）重点跟踪工作

对于各单位及部门工作推进中发现的各项问题，在仔细梳理、深入分析后，从中提取出可能影响总工期目标的重大问题，并以书面形式报送至投运总指挥部和协调督导组，并抄报民航领导小组办公室。同时，根据问题的严重性和影响程度，加大重点工作的管控力度。通过实地调研、电话访谈、当面约谈等方式，及时向各相关单位或部门预警，并逐步增加巡查频率，以精确掌握实际工作进展，督促其尽快纠偏。

8）日常管控工作

（1）会议参加

在获得批准的情况下，总进度管控课题组可以参加大兴机场建设及运营筹备工作指挥长联席会及投运总指挥部联席会，参与重要工作会议以及东航、南航等其他分指挥部的部分会议。

（2）日常报告机制

各建设及运营筹备单位如在日常推进中遇到需投运总指挥部出面解决的问题，可及时上报至投运总指挥部和总进度管控课题组。对于一般问题，由投运总指挥部会同总进度管控课题组立即协调处理，并将存在问题及整改情况抄送至民航领导小组办公室、协调督导组。影响总工期目标的重大问题，经投运总指挥部与总管控课题组审核商讨后报至民航领导小组办公室和协调督导组，由民航领导小组办公室会同投运总指挥部协商决策后，总进度管控课题组协助投运总指挥部指导解决问题。

（3）日常进展考核

总进度管控课题组配合投运总指挥部和协调督导组，针对月中完成的进度节点，采取专项检查和随机抽查相结合的方式，通过现场调查等途径，及时考核关键节点及重要工作实际进度及完成情况，并评估可能存在的风险，提出相应的整改意见和要求。

（4）日常进度提醒及预警

在巡查过程中，随时分析甄别工作中的风险因素，排查固有和潜在风险，并评估其可能性和严重程度。一旦发现高风险因素，立即约谈相关单位或部门，加强风险管理，做好应急处理预案。重大问题在每月预警报告和月报上反映，并通过信息平台发布。

9）信息平台对接和支持工作

（1）月度进度上报

按照管控工作计划，组织各单位每月定期在大兴机场建设与运营筹备总进度综合管控信息化平台上填报工程进度信息，包括当月工作完成情况和下月工作计划，涵盖建设和运营筹备两方面内容。

各单位在填报信息时做到：①及时填报信息，于每月 25 日前完成信息上报；②实事求是，按照工程实际进展情况如实填报进度；③重视填报工作，杜绝出现填报信息不完全、进度数据存在逻辑错误等现象；④对于滞后的节点，分别列明滞后原因、影响和对策，不可笼统写一个原因、影响和对策。

（2）进度审核

各单位填报进度信息后，先提交部门内部审核，经单位领导批准后流转至总进度管控课题组，由投运总指挥部会同总进度管控课题组进行最终审核。

为保障月报编制效率，各单位在每月 25 日到次月 5 日之间要保持高度工作准备状态。总进度管控课题组在审核过程中发现问题，要及时与填报人员沟通反馈。填报人员在收到反馈后要及时采取行动，修改错误。

审核过程中，总进度管控课题组要求相关单位提供节点完成的证明材料时，各单位应积极配合，及时（最迟隔日）反馈，不可不提供相应材料。

（3）形象进度上传和审核

各单位按照计划定期上传更新形象进度，上传文件包括图片和视频等。民航局信息中心在每月固定时间统一审核各单位上传的形象进度，发现漏传的及时通知该单位，相应单位须在 2 天以内完成形象进度上传工作。

（4）增加通报批评栏目

在大兴机场建设与运营筹备总进度综合管控信息化平台的醒目位置有通报批评栏目，各单位凡是存在以下问题的，均予以披露：

不及时填报进度信息；

不及时澄清数据问题，迟迟不提供相关证明材料；

经课题组辅导多次,仍不规范填报数据;

任意调换填报人员;

不上传或不及时上传形象进度;

其他违规情况。

对于存在上述问题的单位,按照情况严重程度以"红名单""黄名单"的形式进行通报,情节严重的列入"红名单"。

(5)发布正式信息

在民航领导小组办公室领导下,投运总指挥部会同总进度管控课题组通过常规途径正式发布当月月报,并抄送民航局信息中心一份。信息中心在收到正式月报后,核对系统数据,随后在大兴机场建设与运营筹备总进度综合管控信息化平台上同步发布电子版月报和最新形象进度。

2.5.2 总进度综合管控执行方工作职责

为确保大兴机场按期投运,民航领导小组办公室、投运总指挥部、协调督导组、各分指挥部和运营筹备单位工作职责如下。

1)组织职责

(1)固定负责人

各单位应安排至少2名熟悉内外部情况且具有较强协调能力的专员负责管控对接工作,互为备份,保障管控工作持续顺畅开展。

(2)负责人职责

负责人负责各自单位日常管控工作,并填报各自单位每月管控进度信息。

负责人参加联合巡查活动。

负责人负责组织与其他单位日常沟通及协商交叉施工专项计划。

(3)定期巡查

民航领导小组办公室将每月定期对重点项目进度巡查,各单位均应派负责人参加。若工作需要,定期巡查将调整为半月一次。

(4)问题处理

对于巡查中发现的问题,相关单位应积极协调处理。如问题重大并涉及交叉作业,相关单位应尽快编制专项计划,推动问题快速解决。

(5)问题预警

如管控工作中发现可能影响总工期目标的问题,各单位应尽快上报民航领导小组办公室、投运总指挥部和协调督导组,并及时通知相关单位。

(6)日常报告

各单位应将各自管控工作中重要节点编制成册,上传至信息化管控平台并及时更新完成情况。交叉作业中提前完成的工作要及时通知并交接给后续单位。

2）补充专项计划

（1）交叉作业专项计划

后续工作受前置条件影响的工作，后续工作单位应立即去函前置条件单位共同编制专项计划。民航领导小组办公室、投运总指挥部和协调督导组充分发挥总协调作用，组织各单位联排工期，平衡矛盾，明确界面移交时间。专项计划编制完成后，由后续工作单位抄报民航领导小组办公室，并纳入总进度综合节点进行管控。

（2）验收专项计划

各单位应立即编制自身地方验收专项计划和民航行业验收专项计划，分别报投运总指挥部和执行验收委员会。地方验收计划由投运总指挥部和地方政府相关部门协商后实施，行业验收计划由执行验收委员会统筹安排实施，验收计划实施遇到困难时，由民航领导小组办公室负责协调。

（3）安装调试专项计划

各相关单位应及时细化各类硬件设施和软件系统的安装调试专项计划，进一步梳理各类问题，确保投用后系统功效稳定。

3）信息化管控平台使用

（1）月度管控进度填报

各单位负责人应按时在信息化管控平台上填报每月管控进度信息，经部门负责人批准后，由总进度管控课题组审核通过。

（2）最新形象进度栏目

各建设及运营筹备单位负责人应及时将自身工作进展以视频或图片形式上传至本栏目，民航领导小组办公室审核后发布。

（3）会议任务分解表栏目

每次领导小组会后生成的最新会议任务分解表统一录入系统，各相关司局联系人应及时录入填报任务进展情况。未填报任务将持续显示未完成。

（4）其他栏目

完成情况分析、重点难点问题、近期工作方向等栏目由总进度管控课题组统一填报发布。

2.6 小结

1）"政府—市场"二元组织模式

大兴机场项目"政府—市场"二元共同作用下的组织模式是构建高效能和动态性的组织功能的基础，也是顺利完成进度目标的重要保证。大兴机场顺利投运得益于组织模式的科学设计,其核心思想是充分发挥、充分显示我国社会主义制度优势,整合综合资源,实现"政府—市场"二元共同作用。一方面,充分发挥了政府在重大工程中的高质量决策、顶层治理、跨域协调和制度创新方面的作用;另一方面,很好地发挥了市场在工程资源配置中的决定性地位,实现了资源配置的效益最大化和效率最大化。

2)动态化的组织结构

大兴机场项目在决策、实施和运营等不同阶段,项目所面临的情境和目标挑战不同,组织模式和配置也因此不断演化。在项目决策阶段,由国家发改委牵头成立了"北京新机场选址协调小组";在实施阶段,由国家发改委牵头成立了"北京新机场建设领导小组",由民航局牵头成立了"民航北京新机场建设领导小组";在投运阶段,民航局在原"民航北京新机场建设领导小组"基础上成立"民航北京新机场建设及运营筹备领导小组",首都机场集团牵头成立了"北京大兴国际机场投运总指挥部""北京大兴国际机场管理中心";在正式运营阶段,首都机场集团成立北京大兴国际机场。

3)一体化的组织结构

首都机场集团在项目建设期成立北京新机场建设指挥部,投运阶段牵头成立投运总指挥部,运营期成立大兴机场,从组织体制上实现建设运营一体化。这些组织成员高度重合,建设管理人才和运营人才你中有我,我中有你,全方位考虑建设和运营两个问题。

第3章
北京大兴国际机场总进度目标的论证

经过长达 16 年之久的前期研究工作,习近平总书记在 2014 年主持召开的中央政治局常委会上,亲自决策建设北京新机场。作为中国机场建设的"牛鼻子"工程和国家百年发展战略下的基础设施工程,大兴机场总进度目标具有巨大的刚性。大兴机场总进度目标论证的意义不仅在于通过综合全面的分析论证推算出总进度目标,更重要的是通过科学的方法,推演当前时点到总进度目标时点的路线图,充分挖掘、暴露、解决总进度目标实现路径上的矛盾与问题,进行工程实施的条件分析和措施策划,确保总进度目标的科学性。

3.1 总进度目标论证的必要性

3.1.1 北京大兴国际机场总进度目标确立的重要性

不论从国家发展的宏观角度、地区和行业发展的中观角度,还是城市发展的微观角度,大兴机场的顺利投运都意义重大。作为中国机场建设的"牛鼻子"工程和国家百年发展战略下的基础设施工程,大兴机场的建设是十分必要并且十分急切的。

2014 年 12 月大兴机场飞行区工程开工建设,2015 年 9 月航站楼工程开工建设,可研批复、初设批复、开工建设等工作有序完成。2018 年初,土方工程已大部分完成、道面工程完成近三分之一,航站区工程也先后实现混凝土结构、钢网架结构和综合交通中心主体结构封顶。随着大兴机场建设进入关键的冲刺阶段,科学论证并确定最终的总进度目标的必要性日益凸显。

3.1.2 北京大兴国际机场总进度目标论证的特殊性

大兴机场总进度目标论证在时序和逻辑上不同于一般民用机场。根据《民用机场工程建设与运营筹备总进度综合管控指南》,一般机场的总进度目标论证,是与前期决策工作同时进行的,在可行性研究批复甚至立项前就开始做的一项工作。根据机场满足运营需求的紧迫程度,从经济性、技术要求、工程环境、现实条件等方面进行综合分析和研究,通过综合论证给出满足一定条件的机场工程建设周期的比选方案,为确定一个相对科学合理的总进度目标提供决策依据。

如果在前期决策时进行总进度目标论证,机场工程的规划和方案往往处于研究启动阶段,缺乏较为详尽的设计资料以及有针对性的工程组织和实施方案等方面的工程资料。对于大兴机场而言,总进度目标论证除了确定前的论证工作之外,更在于确定后对总进度目标的再论证。此次总进度目标论证的意义并非完全在于通过论证推算出总进度目标,更在于明确总进度目标之后,在当前时点上充分研判梳理后续工作中可能存在的问题困难,分析提出应对措施,确保总进度目标实现。

大兴机场作为一个巨型的复杂工程,庞大的工程体量、众多的参与主体、跨地域的管理、空中地面的组合,在当时的情况下,急需建立综合的计划管控模型,对工期数据严格试算和分析,获取关键线路,绘出各方实现总进度目标的路线图。

3.2 总进度目标论证启动准备

3.2.1 引入总进度管控课题组

2018年4月29日,时任民航局局长冯正霖赴大兴机场建设工地慰问建设者,要求民航领导小组办公室会同北京新机场建设指挥部,覆盖所有参与北京新机场建设及运营筹备的单位和事项,共同组织编制大兴机场建设及运营总进度管控计划,并指出大兴机场是党中央、国务院决策的国家重大标志性工程,建设和运营好大兴机场,是全体民航人的神圣使命,要加强对项目的科学组织安排,按照大兴机场建设及运营总进度管控计划思路,明确路线图、时间表、任务书、责任单,以工期控制为统领,坚持安全、质量、廉洁和环保并重,有序推进各项工作,确保按期顺利开航。

为落实以上指示精神,民航领导小组引入总进度管控课题组,为大兴机场进度工作"问诊把脉"。在这之后,总进度管控课题组与各建设单位参与了民航领导小组组织的多场总进度管控准备会议,为总进度目标论证工作打开序幕。

3.2.2 掌握大兴实情,明确方法论

2018年5月3日,民航领导小组召开总进度管控预备会议,民航局机场司介绍了大兴机场项目概况和建设现状。在进度方面,前期做过两个基本进度计划,一是建设工作的计划,二是运营筹备工作的计划,中间虽有交接的时段,但对二者的紧密联系挖掘尚不够充分,计划所涵盖的工作内容尚不够系统和全面,计划实施过程中可能遇到的问题

和风险尚不够详细。因此需要一张清晰的路线图,科学论证并明确总进度目标。

总进度管控课题组针对"路线图"的设想,提出以编制总进度综合管控计划的方法绘制"路线图",一方面包括建设工作、竣工验收与移交工作、运营准备工作等,另一方面还涵盖主体工程、供油工程、场内外配套等所有工程范围并体现各维度不同元素间的关系。这种集成思想获得民航领导小组的认可,与大兴机场"建设运营一体化"理念不谋而合。

对于民用机场建设项目而言,有其自身的特点、规律和要求,机场工程总进度目标的论证,是根据机场满足运营需求的紧迫程度,从经济性、技术要求、工程环境、现实条件等方面进行综合分析和研究,通过综合论证给出满足一定条件的机场工程建设周期的比选方案,论证总进度目标的科学性和合理性。

首先,总进度目标论证要坚持实事求是的指导思想,按照客观规律,用客观的态度和科学的方法对机场工程总进度目标进行综合全面的论证研究。以尊重现实为基础,根据目前实际进展情况,充分预判梳理机场工程后续建设中可能存在的问题、难点和困难,分析项目总进度目标实现的可能性。同时,考虑机场运营需要的紧迫程度、国家和地方发展规划、重大或特殊活动的需求等,对机场工程建设的目标要求进行分析。秉持争取早日建成机场工程、满足需求条件的宗旨,充分考虑各种有利因素和新技术的推动利用,发挥主观能动性积极创造条件,确保总进度目标的可行性。

其次,总进度目标论证采取多种科学方法,相互配合,相互补充。

(1)类比研究法是利用现有机场工程知识库,将拟建机场工程与已建或在建的同类机场工程进行对比分析,并根据拟建机场工程的特点及所处环境,综合考虑人、物、管理、技术及资金等方面的因素,深度分析比较机场主要单体工程的可能工期。

(2)模拟试算是根据现有相关资料和基础数据,包括机场工程构成及特点、主要内容和规模、实施及管理组织、环境和地理位置、资源及市场条件等,建立机场工程的进度计划模拟模型,对机场工程的可能工期进行试算和分析。

(3)专家咨询法是通过咨询及请教相关专家,利用机场工程建设与管理领域专家的知识、经验和分析判断能力,共同讨论和研究机场工程各主要项目可能的实施方案及进度安排,对机场工程可能的建设周期进行分析。

(4)访谈调研法是对涉及机场工程建设的相关单位和部门进行访谈和调研,获取总进度目标论证所需的第一手资料。受访单位应涵盖机场主体工程和其他工程的建设(管理)单位及其内部各专业部门,相关参建单位包括勘察、设计、供货、施工、监理和咨询等单位,地方主管部门以及场外市政工程配套单位等。

机场工程总进度目标与资源投入具有很强的相关性,在一定条件下通过资源的合理投入,可以对总进度目标进行优化。

与一般机场工程相比,大兴机场总进度目标的论证具有很大的特殊性,但是方法论是不变的,即应通过编排计划的方式,发现总进度目标实现路径上的问题和矛盾,梳理总进度目标实现的"路线图"。大兴机场项目涉及的工作一项不能漏,凡是影响机场投用的各项工作,不管是否由机场投资,只要影响投用,全部列出来。建设、验收移交、运营筹备的综合集成、问题导向的路线梳理是总进度目标论证乃至整个进度管控工作的两个关键理念。

最后,预备会议进一步确定了"充分暴露矛盾,创新解决问题"的工作理念,对总进度管控课题组提出指示和要求,要在进度管控方面把"精品、样板"落实到底,要坚持问题导向、创新驱动,把总进度综合管控工作做好做实,要通过创新实现理念新、手段新、速度快,尽快落实总进度目标的论证工作。

3.2.3　确定详细论证工作计划

经过十天的准备,2018 年 5 月 13 日,民航局召开了总进度计划编制启动前交流会,确定下一步工作计划。本次启动会议的主要任务是:第一,确定下阶段计划编制的主要工作计划,包括工作方式;第二,确定两天后进度计划执行过程综合管控启动会的会议内容。

会议明确了以剩余建设、验收移交及运营筹备三大工作分解、按各投资建设主体分派各自计划编制的方法,并确定收集各单位计划、统筹各单位计划、编制总进度计划初稿的工作安排。其次,除了各单位计划,各工程的关键子任务、潜在风险也需要各单位梳理并上报,供总进度计划编制参考。

会议明确了访谈调研的重要性和必要性。访谈调研工作是总进度目标论证的基础工作,也是总进度目标论证的重要依据。参会各单位积极配合组织,安排访谈会议,才能更全面、更深入地了解情况、发现矛盾、梳理问题。

总进度目标论证的两次前期会议:第一次确定了问题导向的工作理念和编制总进度计划的论证方法;第二次会议则确定了总进度论证的工作的具体安排,制订了切实可行的计划编制方案,明晰了计划编制的路径。

3.3　总进度目标论证工作过程

前期两场会议最重要的意义就是明确了以总进度计划编制工作为基础的总进度目标论证方法论。总进度计划的编制过程,就是总进度目标论证的过程。从各项目建设单位的访谈调研,到各单位进度计划的汇总与总进度综合管控计划的编制,再到总进度综合管控计划的评审与发布,总进度计划的编制始终以问题为导向,其过程的各个环节旨在充分了解信息,全面暴露矛盾,深度梳理问题,以及统筹解决问题。随着总进度计划编制工作的进行,各类技术难题、界面矛盾等逐步暴露、协调解决,总进度计划的编制工作趋于完成,总进度目标也得以确定。

3.3.1 访谈调研——充分了解信息，全面暴露矛盾

访谈调研工作是总进度目标论证的基础工作，也是总进度目标论证的重要依据。在民航局和首都机场集团的组织协调下，总进度管控课题组先后对包括北京新机场建设指挥部的 56 家参建单位进行了共 19 次访谈。据不完全统计，总进度管控课题组现场提出了 300 余条的进度计划点评及建议，为总进度目标论证工作做足了准备。

会议开始一般都会针对以下问题提问：

①目前本单位或部门所承担的工程建设任务或运营准备任务或其他相关工作有哪些？进展情况如何？②目前本单位或部门所承担的任务推进中存在的困难有哪些？存在哪些需其他单位或部门配合的界面问题？③针对总进度目标，对本单位或部门所承担的任务未来进度有何安排或有何设想？预计未来工程或工作推进中难点有哪些？有何建议？④根据目前推进情况，对于整体推进机场建设有何建议？

2018 年 5 月 15 日，总进度管控课题组对北京新机场建设指挥部进行第一次访谈，民航局机场司领导组织会议，参加此次会议的有北京新机场建设指挥部各部门，会议研讨了地块功能划分、安全保障新增项目进展、场外市政配套设施推进情况等。

总进度管控课题组对当下形势进行点评，认为应对各项工作不确定性的关键手段就是把问题理出来，并针对每一类问题编排专项计划，譬如剩余报批工作需要排一个专项计划，把整个剩余工作列入计划里，如配套水、电等。

北京新机场建设指挥部的飞行区工程部和航站区工程部先后提出了目前飞行区和航站区工程建设面临的问题，如航站楼人防工程与轨道交通界面、北跑道项目进度等。针对这些问题，会议要求相关部门进一步深挖，把所有不确定性和风险都考虑到，制定计划要明确各项工作间的制约关系，比如针对轨道交通与人防工程工作面交叉问题，要细化到轨道作业什么时候完成，其他部分什么时候完成，计划要分散有序。

总进度管控课题组在听取各工程部门问题后指出，要将各类工作统一到进度计划中，确保统筹推进实施。机场项目的复杂构成导致项目各工作间存在极为复杂的制约关系，而这些复杂的制约关系就是问题产生的根源。如果各工程建设单位只管自己的作业计划，将导致各计划产生众多矛盾。因此，建议各部门首先要在原有计划的基础上，梳理出所有与其他工程具有制约关系的工作，并将可能对其造成进度风险的工作编入计划，换言之，是要把"关系"放进计划里。

2018 年 5 月 24 日，总进度管控课题组对北京新机场建设指挥部第二次访谈，各部门明显对自己计划中的问题有了更清晰的认识。飞行区、航站区、机电设备、弱电信息等各工程部门各自汇报了调整后的计划，总进度管控课题组一一进行点评，分析并提取关键性控制节点。会议发现，总目标能否实现，工期是否可控，关键就在这些节点

能否按时完成,节点间的矛盾能否解决。为此,应通过上级领导协调、加大资金投入、调整报批流程等措施,使不同节点协调统一。

除北京新机场建设指挥部外,总进度管控课题组还访谈了以下单位:

2018 年 5 月 15 日,访谈东航基地项目建设指挥部;

2018 年 5 月 16 日,访谈华北空管局空管工程建设指挥部;

2018 年 5 月 17 日,访谈南航基地项目建设指挥部、航油工程建设指挥部;

2018 年 5 月 18 日,访谈民航局华北地区管理局、首都机场集团、中国联合航空公司;

2018 年 5 月 23 日,访谈机场公安单位、海关单位、边检单位、武警单位;

2018 年 5 月 24 日,访谈廊坊市政府;

2018 年 5 月 25 日,访谈北京市外围道路及轨道交通建设单位、机场水电暖建设单位等。

通过对各单位的访谈,总进度管控课题组充分了解机场主体工程、民航配套工程以及场外配套工程等各类工程的当前进展、进度风险以及各方面诉求,并在此基础上开始编制总进度计划。

3.3.2 计划编制与评审——"摆平"问题,"抹平"矛盾

总进度管控课题组在充分研读可研报告及初设说明等资料并整理吸收访谈中获得的实时项目信息后,实现了对工程对象的全面把握。通过 WBS 分解及实际情况分析整理出全场所有待完成工作,并以系统思维导图的形式呈现(图 3.1),依据各单位上报的各自进度计划及关键节点工作,梳理出 10 余条关键线路(图 3.2)。根据准确的数据测算,排出每条关键线路上各关键节点最晚完成时间。

有了以上基础工作,就可以开始最关键的计划平衡工作。不同关键线路之间、同一条关键线路上不同节点之间都存在着千丝万缕的关系,如航站楼前高架与航站楼外墙施工间、航空公司贵宾室与航站楼工程间、航站楼内装修与机电安装间。各投资主体工程间、同一工程不同专业间、外部与内部、建设与移交、运营……所有界面必须划清、摆平,计划才会变活,才可说总进度目标是可以实现的。

计划平衡是指在编制机场工程总进度计划时,梳理调整解决不同层面或同层面不同部门之间在进度之间存在的不一致的过程,是机场工程各参与单位和部门提前解决矛盾和问题、保证总进度目标可实施性的基本工作。

2018 年 6 月初,《北京新机场建设与运营筹备总进度综合管控计划》初稿完成后,民航局于 6 月 7 日召开总进度综合管控计划评审会,重点研究部分计划尚未平衡、需集中决策的有关问题。

专家认为部分项目与航站楼工程存在交叉施工,需要相互配合解决;楼外资源和设施设备资源采购要有预留时间;综合演练和专项演练、行李压力测试等需要机场统

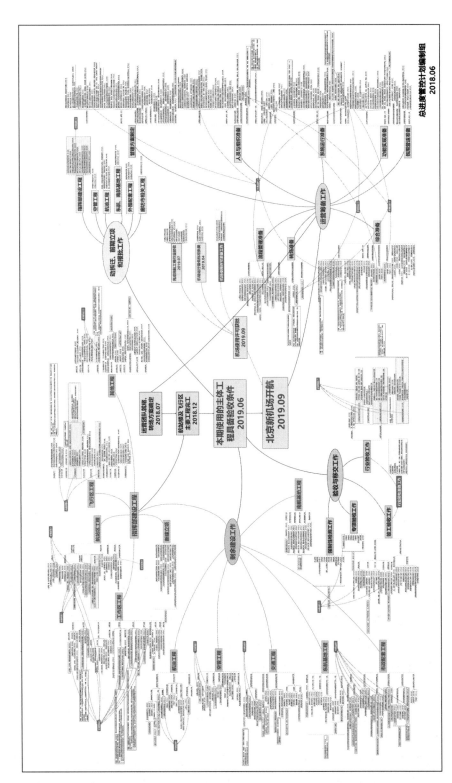

图 3.1 计划初稿编制过程中整理的剩余工作思维导图

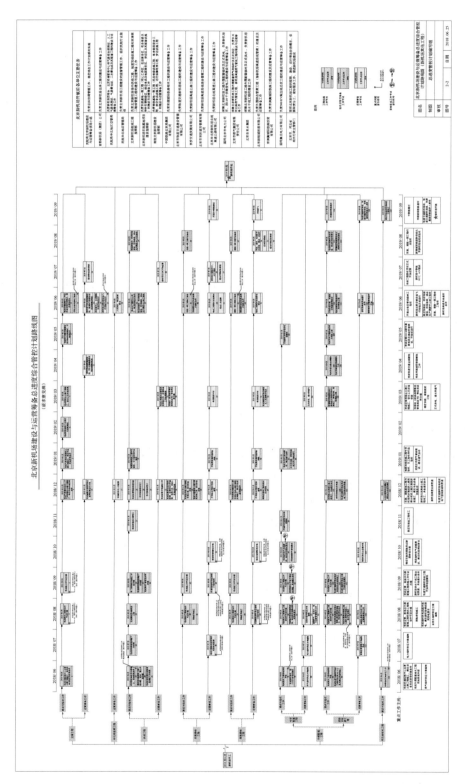

图 3.2 计划初稿编制过程中梳理的关键线路

一协调下开展等。如上，要在管控计划中把这些复杂关联与制约关系充分考虑，进一步完善总进度计划。

专家还提出了一些可以再细化补充的关键性控制节点，比如验收及移交，需补充弱电信息系统调试验收节点、消防节能环评等前置验收等。

经过专家对各类节点的细化和补充，使总进度综合管控计划更加全面，总进度目标更加切实可行。

3.3.3　总进度路线桌面推演

桌面推演源于战争年代的作战指挥部，现推而广之，多指参演人员利用地图、沙盘、流程图、计算机模拟、视频会议等辅助手段，依据应急预案对事先假定的演练情景进行交互式讨论和推演应急决策及现场处置的过程，从而促进相关人员掌握应急预案中所规定的职责和程序，提高指挥决策和协同配合能力。

大兴机场总进度目标论证工作也需要进行桌面推演，鉴于计划的初稿已经编制完成，但仍有部分节点尚未平衡，2018 年 6 月 13—15 日，民航局领导及各参建单位开展了总进度计划推演（图 3.3）。

本次桌面推演是将所有工程的关键节点从开航总目标至当前时点倒推梳理。对于存在强界面关系的工作，特别容易出现"时间打架"问题，往往体现为某工作的最晚开始时间早于其前置工作的最早完成时间，类似的问题梳理出二十余个（如图 3.3 中红色节点为矛盾点）。在民航局领导调度协调下，经过审慎研究，如上问题节点得到了平衡解决，如"完成试飞""完成联调联试""确定机场过渡期转场方案"等。

3.3.4　总进度目标论证成果与发布

经过几天的整理和完善工作，所有矛盾得到平衡，总进度目标实现切实可行的细化和深化，大兴机场总进度目标论证落地。图 3.4 为大兴机场建设与运营筹备工作总进度目标图，总进度目标深化细化为以下子目标及里程碑事件。

1）2019 年 9 月开航前

（1）大兴机场北线高速公路工程于 2019 年 6 月具备通车条件。

（2）大兴机场高速公路工程于 2019 年 6 月具备通车条件。

（3）地面加油设施工程于 2019 年 7 月具备投入使用条件。

2）2019 年 9 月开航

（1）大兴机场主体工程正式投入运营。

（2）大兴机场西塔台、北京终端管制中心和大兴机场仪表着陆系统、甚高频台、场面监视雷达、气象自观系统、人工气象观测站及其配套工程正式投入运行。

（3）东航基地一期工程（核心工作区、生活服务区、机务维修及特种车辆维修区、

53

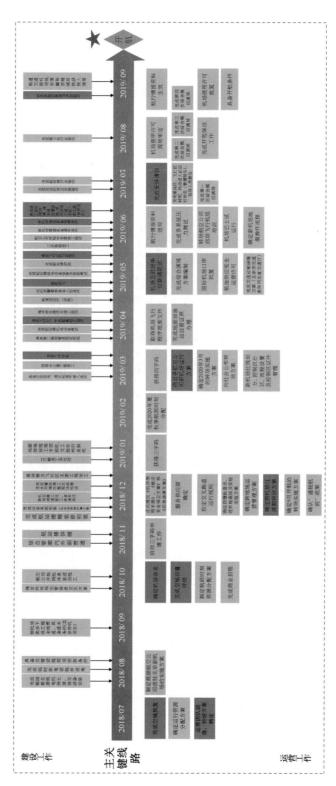

图 3.3　总进度计划桌面推演示意图

航空食品及地面服务区、货运区及其配套设施)正式投入使用。

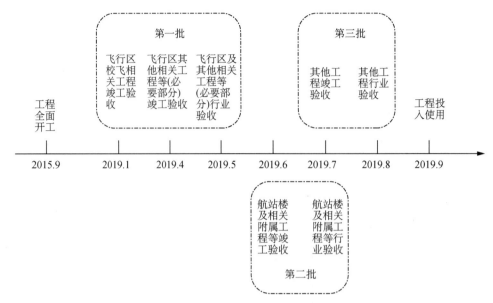

图3.4 大兴机场建设与运营筹备工作总进度目标图

（4）南航基地一期工程（生产运行保障设施运行及保障用房项目Ⅰ期、生产运行保障设施单身倒班宿舍项目Ⅰ期、机务维修设施项目、航空食品设施项目、货运设施项目）正式投入使用。

（5）场内供油工程正式投入使用。

（6）津京第二输油管道工程正式投入使用（2019年4月竣工验收）。

（7）京雄城际铁路正式投入使用。

（8）轨道交通大兴机场线、大兴机场高速公路和北线高速公路工程正式投入使用。

（9）地面道路、外围市政道路、水系、消防、绿化、环卫、上水、雨水、供电、燃气等相关配套系统相应按需投入使用。

在此基础上，需要给出各工程项目明确的竣工验收和行业验收的时间节点。考虑到校飞、试飞等一系列工作开展，飞行区校飞相关工程需要在2019年1月竣工验收。同时，考虑到大兴机场工程所需行业验收内容多，进度不一，建议分三批行业验收。

3）具体总进度目标

（1）2019年1月：飞行区校飞相关工程竣工验收（第一批Ⅰ部分）。

（2）2019年4月：飞行区其他相关工程等（必要部分）竣工验收（第一批Ⅱ部分）。

（3）2019年5月：飞行区及相关工程等（必要部分）行业验收（第一批）。

（4）2019年6月：航站楼及相关附属工程等竣工验收（第二批）。

（5）2019年7月：航站楼及相关附属工程等行业验收（第二批）。

（6）2019 年 7 月：其他工程竣工验收（第三批）。

（7）2019 年 8 月：其他工程行业验收（第三批）。

（8）2019 年 9 月：工程投入使用。

2018 年 7 月 6 日，民航局在施工现场组织召开大兴机场建设与运营筹备攻坚动员会，会议发布《北京新机场建设与运营筹备总进度综合管控计划》，确定 2019 年 6 月 30 日竣工、9 月 30 日前投入运营的工期目标。

3.4　总进度目标论证的效果

在民航局的领导下，总进度管控课题组完成的《北京新机场建设与运营筹备总进度综合管控计划》，给出了"6·30 竣工，9·30 前投运"总进度目标完成的"路线图、时间表、任务书、责任单"。首先，总进度计划综合了所有单位投资工程项目，实现了各种主体界面的平衡，具有切实的可行性，绘出了从当前时点到投运的总路线图，回答了"6·30 竣工，9·30 前投运"的目标有没有可能实现的问题。其次，总进度计划提取了所有工程所含的关键性控制节点，进一步说明如何实现的问题。再次，总进度计划给出大兴机场建设的任务书，梳理、明确各项工作任务。最后，总进度计划提供了大兴机场建设的责任单，明确了责任单位、责任部门和责任人。

3.5　小结

大兴机场不同主体、子项、专业间界面复杂且综合性极强，在极紧的工期要求和复杂的协调环境下，其建设及运营筹备过程更突显出不稳定、不确定、复杂和模糊特征，为其总进度目标论证带来巨大难题。针对以上难点，大兴机场勇于突破，在总进度目标论证实践过程中形成以下创新特色。

1）建设运营融合

基于建设运营一体化理念，充分把握机场工程建设与运营筹备工作之间互相关联、互相作用的特征，即"机场运营筹备工作融合于机场工程建设全过程"，在各单位访谈、计划编制等各论证环节通过组织、信息等多维度措施，确保建设与运营筹备工作目标的有机融合，如运营单位提前介入论证过程等，进一步实现建设与运营筹备工作的无缝衔接和有序平衡，保障了总进度计划的可实施性、总进度管控的高效性。

2）多种方法组合

大兴机场总进度目标论证打破传统基于项目静态逻辑的总进度目标论证方法的束缚，采取多种科学方法组合策略对大兴机场总进度目标进行论证。首先，通过进度目标需求分析和系统分析法厘清关系、理解项目。其次，基于比较分析法、进度试算法和关键路径法间的相互补充和互相验证给出初步论证结果。最终,通过专家论证法和计划平衡法对论证结果进行宏观把控和微观调整。多种方法组合确保总进度目标论证更加科学有效。

3)坚持问题导向

大兴机场总进度目标论证的意义不仅在于推算出总进度目标,更重要的是在尊重客观规律的基础上,在问题导向下进行总进度目标的证实。因此,大兴机场通过推演当前时点明确总进度目标时点的路线图,充分挖掘、解决总进度目标实现路径上的矛盾与问题,进行工程实施的条件分析和措施策划,确保可进度目标的科学性。

第4章
北京大兴国际机场总进度综合管控计划的编制

大兴机场总进度综合管控计划的编制,是总进度综合管控工作过程的重要环节,也是总进度计划执行过程管控的前提和基础。工程建设与运营筹备总进度综合管控工作的开展,首先必须编制能统筹和控制各项工作并使其互相匹配的总进度计划,然后以总进度计划为核心构建进度综合管控体系,才能真正有效地开展总进度的跟踪控制工作,进行总进度综合管控。

《北京新机场工程建设与运营筹备总进度综合管控计划》(以下简称"《综合管控计划》")是统筹大兴机场从2018年6月至2019年9月期间工程建设与运营筹备各项工作的综合性控制性进度计划,是大兴机场进度计划体系中最重要最核心的计划,是大兴机场工程建设和运营筹备各项工作统一推进的行动纲领,是各单位、各部门、各分部分项计划的龙头计划,是民航领导小组、投运总指挥部等管理高层组织统筹控制、协调指挥的工作抓手。《综合管控计划》的编制以保证大兴机场工程质量和安全为前提和底线,其编制过程不仅是对各项工作做出时间安排的过程,更是发现问题暴露矛盾并加以解决的过程。

4.1 总进度综合管控计划概述

4.1.1 总进度综合管控计划的概念

工程项目总进度综合管控计划是一种将工程从开始建设到实现总进度目标的过程分解为具有先后顺序且有搭接关系的各项工作,并给出每项工作开始和完成时间的系统安排。《综合管控计划》是大兴机场的总进度计划,它是为了统筹平衡协调大兴机场区域内外各投资主体、建设(管理)单位、运营单位及其他相关部门和单位各项工作而编制的综合性、控制性计划。计划重点梳理了从2018年6月至2019年9月大兴机场开航期间各个投资主体、各类工程项目所对应的各种工作计划在工程推进过程中的关键线路和界面问题,明确了各单位不同阶段的职责。《综合管控计划》实现了不同工作计划之间的统筹衔接,推动了不同责任主体之间的协调合作,在确保大兴机场工程顺利竣工验收并投入运营方面发挥了关键作用。

4.1.2 进度计划系统

进度计划系统是基于工程的复杂性而构建的具有上下隶属关系的多层级多平面进度计划体系,该体系把为工程服务的各种进度计划分为不同的层次,要求不同层次计划之间和同层计划之间相互配合一致。工程进度计划体系一般由控制性总进度计划、实施性进度计划和操作性进度计划等所构成,如图4.1所示。

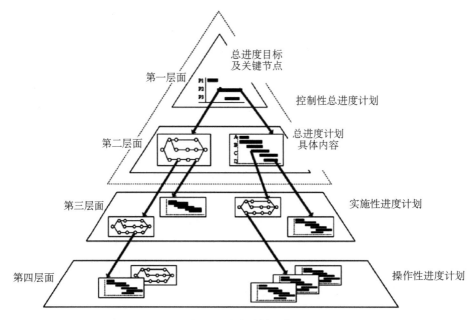

图4.1 进度计划系统

对于大兴机场而言,《综合管控计划》作为控制性总进度计划,位于进度计划系统的最上层,处于整个进度计划系统的核心地位,进度计划系统以总进度综合管控计划为中心进行构建。实施性进度计划是总进度综合管控计划下一层级的计划,是机场工程的各参与单位和部门具体实施各自工程建设与运营筹备的工作计划,如飞行区工程进度计划、航站区工程进度计划、大兴机场工程验收和移交专项计划等。实施性进度计划的编制,需结合部门或工程区或专题事项的特点和实际,在总进度综合管控计划的指导下进行编制,计划应可施行可执行。实施性进度计划的编制过程中,首先需拟定初步计划或想法,为总进度综合管控计划提供初始数据,并与总进度综合管控计划的编制上下互动。一旦总进度综合管控计划编制完成,实施性进度计划的编制必须服从。操作性进度计划是实施性进度计划的下一层级计划,是机场工程各参建单位和部门的作业工作计划,如飞行区工程设计进度计划、航站区工程施工进度计划、行李系统设备进场与安装进度计划等。操作性进度计划的编制必须满足机场工程总进度综合管控计划的要求,服从实施性进度计划。通常,在与工程设计单位、工程施工单位和材料设备供应单位等签订合约时,要求其编制的进度计划必须确保总进度综合管控计划中相关的关键性控制节点的实现,符合部门层级实施性进度计划的要求。

4.1.3 建设运筹一体化理论

建设运筹一体化是将建设和运营筹备进行高度融合,以实现建设与运营无缝对接。从建设与运营的关系角度,机场建设是机场运营的前提,机场运营是机场建设的目的。机场建设为机场运营服务,运营需求是机场建设的依据,机场工程的建设必须满足机场运营的功能要求、流程要求和使用要求等。从机场工程建设初始,机场运营单位应提前介入并提出运营需求和要求,全过程参与机场建设。从建设与运营筹备的关系角度,机场建设与机场运营筹备互相关联相互作用,机场运营筹备工作融合于机场工程建设全过程。机场运营筹备可以为机场建设提供并完善运营需求;机场工程建设可以逐步为机场运营筹备工作提供实物环境和条件。

在机场工程建设过程中,随着工程建设的推进,机场运营筹备任务量不断增大,而机场建设任务量逐步减少,直至工程建设完成投入使用,进入机场运营期,如图 4.2所示。

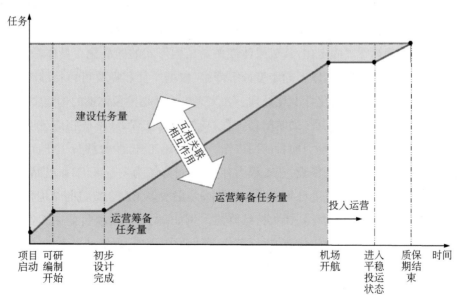

图 4.2　机场工程建设与运营筹备的关系

机场建设与机场运营筹备之间的关系和规律,决定了机场建设与运营筹备必须实施一体化管理。机场建设离不开运营需求的引导,机场运营筹备离不开建设的支撑。机场建设应以运营为导向,与机场运营筹备相融合,进行一体化管理。从实践角度,建设与运营筹备一体化有利于克服机场建设中普遍存在的"建设与运营相分离"、"机场建成之日就是改建之时"的行业弊病。

4.1.4　总进度综合管控计划编制技术

由于大兴机场的特殊性和复杂性,其进度管控计划体系的构建与进度计划的编制较为复杂。总进度综合管控计划的编制技术主要包括计划模板体系构建与应用技术、多阶网络技术及计算机软件实现技术等,如图 4.3 所示。

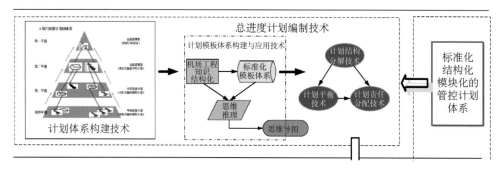

图 4.3　总进度综合管控计划编制技术

计划模板体系构建与应用技术是在机场工程知识结构化的基础上构建标准化的模板体系,标准化结构化模块化的核心是进度计划模板的建设,是将机场工程任一维度事项的结构规律予以固定化,其成果体现的是结构形式的标准化。具体做法:按机场工程的特征和建设规律,以不同维度分解降维(根据特征和需要可再持续降维),将相应工作及其数据做结构化标准化处理。在大兴机场计划模板体系的构建中,按投资主体降维,可降解为主体工程、民航配套工程、场外配套工程等,形成相应进度计划模板;按工作阶段降维,可降解为项目前期工作、建设实施工作、验收移交工作、运营筹备工作等,形成相应进度计划模板;按工程内容降维,可降解为飞行区工程、航站区工程、工作区工程等,形成相应进度计划模板。为形成多层次多角度全覆盖的结构化降解体系,应对大兴机场降维后的计划模板持续降维。例如,大兴机场项目前期工作可降解为前期报批工作、工程设计工作、动拆迁工作、前期发包工作、现场准备工作、资金准备工作、技术准备工作、组织准备工作等。其中,工程设计工作可以进一步降解为规划方案征集、概念方案设计、方案设计、地质勘察、初步设计、施工图设计等。在此基础上,初步设计工作又可降解为完成初步设计、初步设计上报、组织初步设计评审、取得初步设计批复等。

大兴机场总进度综合管控计划的编制以网络计划技术为基础,用网络图表达工作任务构成、工作顺序及用于时间参数的计算,并确定进度计划的关键线路、关键工作和关键节点,以系统理解和全面把握总进度综合管控计划各项工作的关系逻辑以及计划整体的系统逻辑。进度管控体系的构建以多阶网络计划技术为基础,用分层分级的方法梳理分析机场工程进度计划系统内同层面以及上下层级网络计划之间的作用关系,以系统理解和全面把握进度管控计划体系各级各类进度计划的关系逻辑以及计划体系整体的系统逻辑。总进度综合管控计划的成果表现,以基于网络计划采用横道图和节点表的形式,通过活动列表和时间刻度表示机场工程建设与运营筹备各项工作的顺序与持续时间。

对于大兴机场这样的大型复杂工程,需要应用专业级软件工具辅助编制总进度综合管控计划,专业软件系统具备以下基本特点:

(1)构架在大型关系数据库基础之上,处理数据的能力满足使用要求。

(2)全面满足为机场工程建设与运营筹备而确定的计划编制思路,包括工作结构分解、基于 WBS 多级网络模型建立、关键线路计算、计划调整和平衡等。

(3)满足各种计划过滤的需要,如用于过滤出年度进度计划、专业进度计划及其他任何需从总进度计划中提取的局部进度计划。

(4)满足灵活打印输出的需要,包括各种基于 WBS 的网络图、横道图等。

(5)可以与其他进度计划与控制软件兼容。

(6)界面友好,对数据的操作包括增加、删除、更新等,简单方便。

4.1.5 总进度综合管控计划编制历程

大兴机场总进度综合管控计划的编制从 2018 年 4 月 30 日正式启动,至 2018 年 8 月 10 由民航明传电报正式发布,整个编制历程可分为启动阶段、访谈阶段、内部用稿阶段、征求意见及定稿阶段。

1)启动阶段

2018 年 4 月 30 日至 5 月 14 日是编制的准备及启动阶段。

(1)2018 年 5 月 3 日,总进度管控课题组向民航领导小组办公室汇报上海虹桥综合交通枢纽工程、深圳机场扩建工程以及昆明新机场工程总进度综合管控计划的编制情况,介绍了总进度综合管控计划的基本内容、作用和编制方法等。

(2)2018 年 5 月 5—11 日,总进度管控课题组参与编制课题申报书《北京新机场工程建设与运营筹备总进度综合管控》。

(3)2018 年 5 月 12 日,总进度管控课题组向民航局机场司作工作汇报并听取工作完善建议。

(4)2018 年 5 月 13 日,总进度管控课题组向民航局机场司做工作汇报,明确下一

步工作推进方向。

　　（5）2018 年 5 月 14 日,总进度管控课题组参与民航领导小组办公室召开的《北京新机场建设及运营综合管控计划》编制启动会。

　　2）访谈阶段

　　2018 年 5 月 15—25 日是总进度综合管控计划编制的访谈阶段。

　　（1）2018 年 5 月 15 日,工地现场调研,并访谈北京新机场建设指挥部。

　　（2）2018 年 5 月 16 日,访谈东航各部门及民航华北地区空管局。

　　（3）2018 年 5 月 17 日,访谈南航各部门、中航油及中联航。

　　（4）2018 年 5 月 18 日,访谈首都机场集团及民航局华北区管理局。

　　（5）2018 年 5 月 23 日,访谈检验检疫、公安及武警相关部门。

　　（6）2018 年 5 月 24 日,访谈廊坊市及二次访谈北京新机场建设指挥部。

　　（7）2018 年 5 月 25 日,访谈外围道路及水电暖等配套公司。

　　3）内部用稿阶段

　　2018 年 5 月 26 日至 6 月 3 日是总进度综合管控计划的内部用稿编制阶段。

　　（1）2018 年 5 月 26 日,根据访谈结果及提交的进度计划进行基本的分析整合。

　　（2）2018 年 5 月 27 日,对项目进度计划系统进行系统分析(包含系统多维分解、关键元素确定、重点关系分析、系统的环境分析等),并建立系统模型。

　　（3）2018 年 5 月 28 日,通过计算、或经验法、或比较法确定模型所需的数据,并且输入模型所需数据包括必须确保的目标工期等,然后对模型进行计算,确定关键线路。

　　（4）2018 年 5 月 29 日,进行各种影响条件下的模拟分析。

　　（5）2018 年 5 月 30—31 日,关键性控制节点的初步提取。识别出 104 个剩余建设节点,38 个验收与移交节点,167 个运营准备节点,51 个动拆迁、前期立项和报批控制节点。

　　（6）2018 年 5 月 31 日,向民航领导小组办公室递交《综合管控计划》编制组内部用稿 1.0 版。

　　（7）2018 年 6 月 1—3 日,从风险管控角度编制剩余建设工作、验收与移交工作及运营筹备工作综合管控计划思维导图。

　　（8）2018 年 6 月 4—25 日,根据各方意见和建议对编制组内部用稿 1.0 版不断修改和完善。

　　4）征求意见及定稿阶段

　　2018 年 6 月 26 日至 7 月 24 日是总进度综合管控计划的征求意见阶段。

　　（1）2018 年 6 月 26 日,民航领导小组办公室发布《综合管控计划(征求意见稿 2.0 版)》。

（2）2018 年 7 月 5 日，民航领导小组办公室发布《综合管控计划（征求意见稿
3.0 版）》。

（3）2018 年 7 月 19 日，民航领导小组办公室发布《综合管控计划（征求意见稿
4.0 版）》。

（4）2018 年 7 月 24 日，民航领导小组办公室发布《综合管控计划（征求意见稿
4.1 版）》。

2018 年 8 月 10 日，民航领导小组办公室以民航明传电报方式正式发布《综合管
控计划》（图 4.4）。

图 4.4　《综合管控计划》封面及民航明传电报

4.2　总进度综合管控计划编制的准备工作

机场工程建设与运营筹备总进度计划的编制一般包括以下 15 个主要步骤：

（1）广泛调研，向机场工程各参与单位和部门动态收集基础数据。

（2）对机场工程系统从建设与运营筹备角度进行系统分析，包含系统多维分解、
多项目集群分析、资源合理分配、利益相关者综合分析、关键元素确定、重点关系分析、
系统环境分析等。

（3）基于项目进度计划系统分析，建立系统模型，包括确定工作分解结构、构建多
级网络模型等。

（4）通过计算、经验法或比较法等确定模型所需的数据。

（5）输入模型所需数据（包括必须确保的目标工期等），对模型进行计算，确定关
键线路。

（6）进行各种影响条件下的模拟分析。

（7）总进度综合管控计划的初步确定。

（8）各项工作责任部门的初步明确。

（9）关键性控制节点的初步提取。

（10）向机场工程各参与单位和部门提供与之有关的进度计划信息并进行反馈分析。

（11）进度计划中同层平面之间的动态平衡和不同平面（从上到下和从下到上的动态来回）之间的动态平衡。

（12）总进度综合管控计划的最终确定。

（13）关键性控制节点的最终提取。

（14）进度计划的责任分配，即各项工作责任部门的最终明确。

（15）形成机场工程总进度计划文件。

在编制大兴机场总进度综合管控计划之前，总进度管控课题组进行了广泛调研，包括通过已有资料进行项目范围梳理、现场查看项目实际进展、对投资主体、建设管理单位和参建单位进行访谈、收集项目已有的进度计划进行比对和点评等。为充分了解各单位的需求，总进度管控课题组在编制总进度计划之前进行了 19 场访谈，涉及民航内部的机场、东航、南航、空管和航油各建设指挥部，北京市、河北省的水、电、气、轨道交通、高速等大市政配套，以及边检、海关、武警等共 56 家单位，访谈期间针对不同单位计划编制现状，现场提出共 324 条点评及建议，协助指导各单位进度计划编制工作。在充分调研的基础上，总进度管控课题组以总进度管控为核心，分别进行了项目结构分解（Project Breakdown Structure，PBS）、组织结构分解（Organization Breakdown Structure，OBS）和工作结构分解（Work Breakdown Structure，WBS）。

4.2.1　项目结构分解（PBS）

工程项目是机场总进度管控的客体，对项目的梳理尤其是项目规划、建设范围、工程规模、技术指标等的梳理，是实施总进度管控的前提和基础。因此，在大兴机场进行工作任务分解（WBS）之前，先对项目实体对象进行分解，建立项目分解结构（PBS），将群体项目的 PBS 与 WBS 区别开是十分必要的。大兴机场主要建设项目包括机场本体、空管、供油及航空公司基地等机场直接相关工程及外部市政配套工程（包括供电、供水、排水、排污、高速公路、地面道路、高铁、地铁等）和其他相关工程。

大兴机场本期工程主要包括飞行区、航站区、货运区、机务维修区、航空食品配餐、工作区、公务机区、市政交通配套、绿化、空管、供油、东航基地、南航基地以及场外配套等工程，项目结构分解如图 4.5 所示。

4.2.2　组织结构分解（OBS）

组织结构分析是编制总进度综合管控计划、实施总进度综合管控工作的重要基础和前提，详细内容见本书第 2 章。

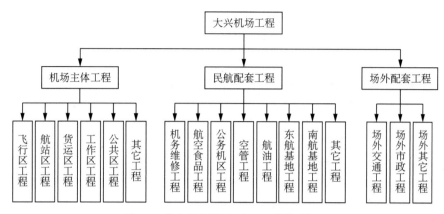

图 4.5　北京大兴国际机场项目结构分解图

各项目参与单位是大兴机场实施总进度管控的主体,对责任主体的梳理是编制总进度计划的重要前提。大兴机场的主要责任主体包括民航领导小组、首都机场集团、北京新机场建设指挥部、民航华北空中交通管理局、中国航空油料集团有限公司、北京新机场航油工程指挥部、京津冀管道运输有限公司、中航油(北京)机场航空油料有限责任公司、中航油空港(北京)石油有限公司、北京新机场东航基地项目建设指挥部、中国东方航空有限公司、中国联合航空公司、南航北京新机场建设指挥部、中国南方航空股份有限公司、北京市基础设施投资有限公司、中国铁路北京局集团有限公司、北京华北投新机场北线高速公路有限公司、国网北京电力有限公司、北京市燃气集团有限责任公司、北京自来水集团等责任主体,如图 4.6 所示。

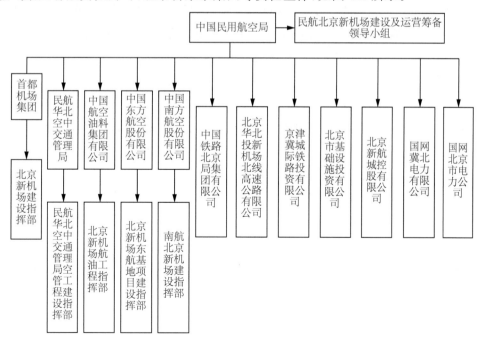

图 4.6　北京大兴国际机场责任主体

各主体的任务划分如下。

1) 中国民用航空局,民航领导小组

协调民航内大兴机场、空管等工程的建设及运营筹备管控工作,协调北京市、河北省对相关大兴机场外围配套工程的管控工作,推进综合管控计划顺利实施,确保大兴机场按时建成投运。

2) 首都机场集团,北京新机场建设指挥部

机场工程的投资主体,负责大兴机场主体工程的统筹协调、建设管理和运营筹备工作。指挥部具体负责首都机场集团所投资的大兴机场工程的建设管理和运营筹备工作,按时优质完成工程实施及验收工作,确保建设总进度目标的实现,高质量完成运营筹备各项工作,确保大兴机场满足投用要求。

3) 民航华北空中交通管理局,民航华北空中交通管理局空管工程建设指挥部

负责大兴机场西塔台、北京终端管制中心和大兴机场仪表着陆系统、场面监视雷达、气象自观系统及其配套工程的建设管理工作,确保总进度目标,按时优质完成工程实施、验收、运行工作;负责大兴机场东塔台、空管核心工作区和一二次雷达站的建设管理工作,确保土建形象完成。同时,负责空管相关项目的未来运行工作。

4) 中国航空油料集团有限公司,北京新机场航油工程指挥部

中国航空油料集团有限公司为投资主体,北京新机场航油工程指挥部负责大兴机场场内供油、地面加油设施和津京第二输油管道的工程建设工作。

5) 中国东方航空股份有限公司,北京新机场东航基地项目建设指挥部

北京新机场东航基地项目建设指挥部负责东航基地一期工程(核心工作区、生活服务区、机务维修及特种车辆维修区、航空食品及地面服务区、货运区及其配套设施)的实施和验收工作,中国东方航空有限公司负责工程的运营筹备工作。

6) 中国南方航空股份有限公司,南航北京新机场建设指挥部

南航北京新机场建设指挥部负责南航基地一期工程(生产运行保障设施运行及保障用房项目一期、生产运行保障设施单身倒班宿舍项目一期、机务维修设施项目、航空食品设施项目、货运设施项目)的实施和验收工作,中国南方航空股份有限公司负责工程的运营筹备工作。

7) 中国铁路北京局集团有限公司

负责京雄城际铁路相关工程实施、验收、运营筹备工作,确保与大兴机场同步投入使用。

8) 北京华北投新机场北线高速公路有限公司

负责大兴机场北线高速公路工程的实施、验收、运营筹备工作,确保与大兴机场同步投入使用。

9) 京津冀城际铁路投资有限公司

负责大兴机场新建城际铁路联络线工程的实施、验收、运营筹备工作,确保与大兴

机场同步投入使用。

10）北京市基础设施投资有限公司

北京市基础设施投资有限公司为城市轨道机场线、大兴机场高速及其沿线管廊的投资主体。下属北京市轨道交通建设管理有限公司负责轨道交通大兴机场线工程的实施、验收、运营筹备工作；下属京投交通发展有限公司负责大兴机场高速公路工程的实施、验收、运营筹备工作；下属北京市京投城市管廊有限公司负责大兴机场高速沿线综合管廊工程，确保按时投入使用。

11）北京新航城控股有限公司

负责大兴机场外围综合管廊工程的实施、验收、运营筹备工作，确保与大兴机场同步投入使用。

12）国网冀北电力有限公司

负责大兴机场 500 kV 高压线迁建工程的实施、验收、运营筹备工作，确保相关工程按计划正式投入使用以及确保大兴机场工程调试所需的与其相关的供电临时设施按时投用。

13）国网北京市电力公司

负责大兴机场东、西 110 kV 输变电工程的实施、验收、运营筹备工作，确保相关工程按计划正式投入使用以及确保大兴机场工程调试所需的与其相关的供电临时设施按时投用。

14）北京市燃气集团有限责任公司

负责大兴机场永兴河北路燃气管线工程、大兴机场高速燃气管线工程的实施、验收、运营筹备工作，确保相关工程按计划正式投入使用以及调试所需的供气临时设施按时投用。

15）北京市自来水公司

负责大兴机场供水干线工程的实施、验收、运营筹备工作，确保相关工程按计划正式投入使用以及确保调试所需的供水临时设施按时投用。

4.2.3　工作结构分解(WBS)

总进度管控课题组从机场主体工程、空管工程、航油工程和航空基地工程的维度，按照组建的五个建设指挥部的工作任务负责范围，对大兴机场的工程任务进行了三级分解，如图 4.7 所示。

从项目全生命周期视角，按项目不同的发展阶段和任务类型对总进度工作任务进行划分，分解结果如图 4.8 所示，可分为前期报批(动拆迁)工作任务、工程建设工作任务、竣工验收工作任务和运营准备工作任务，按任务类型划分，除总进度任务之外，还有各类专项工作任务，主要包括交叉作业专项任务、设备投运专项任务和验收专项任

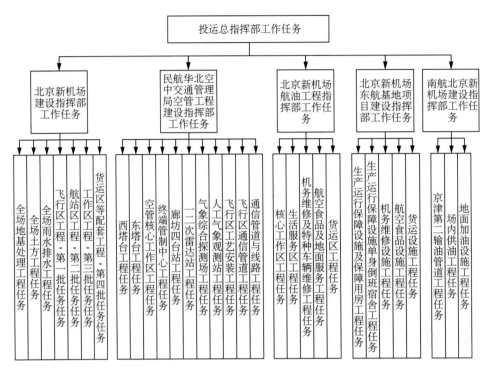

图 4.7 北京大兴国际机场工程任务 WBS 结构图

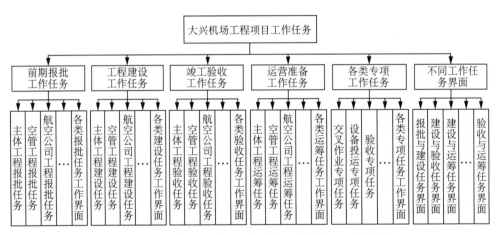

图 4.8 北京大兴国际机场工程项目工作计划 WBS 结构图

务等。其中,交叉作业专项任务主要包括环航站楼交叉施工专项任务、航站楼前北侧
区域人防、市政工程交叉施工专项任务和开航程序批复重要事项专项任务等,设备投
运专项任务主要包括指挥部设备纵向投运任务、东航安装调试培训专项任务和空管安
装调试培训专项任务等,验收专项任务主要包括指挥部验收专项任务和民航各单位验
收专项任务等。为了更好地对任务进行切割和方便后期任务的顺利落地,总进度管控
课题组对各类任务的界面也做了系统梳理,包括各类报批任务工作界面、各类建设任

务工作界面、各类验收任务工作界面、各类运筹任务工作界面、各类专项任务工作界面、报批与建设任务界面、建设与验收任务界面、建设与运筹任务界面和验收与运筹任务界面等。

4.3 总进度综合管控计划编制步骤

4.3.1 思维导图构建

鉴于大兴机场工程建设与运营筹备的特殊性和复杂性,总进度管控课题组采用图像式思维推理方法,对总进度综合管控计划的系统条理进行形象化构造和分类。在思维推理过程中,以大兴机场工程总进度目标为中心和起点,从起点出发按放射性思维方式,由中心向外发散出相关的关节点,每一个关节点代表与总进度目标这一中心主题的一个连结,而每一个连结又可以成为另一个副中心主题,再向外发散出相关的关节点,呈现出放射性立体结构。如此推理拓展到与总进度目标相关的所有层级所有方面的重点工作,梳理与构造并形象展示大兴机场总进度计划的体系脉络,形成思维导图。该思维导图是大兴机场工程建设与运营筹备各项重要工作的系统梳理和形象展示,是总进度综合管控编制的重要参考和依据。

大兴机场工程的工作分解结构(WBS)形成后,需要确定工作之间互相制约或互相依赖的关系,具体表现为工作之间的先后顺序。工作逻辑关系的确定,反映的是机场工程建设与运营筹备工作开展的系统思想和统筹思想。总进度管控课题组在与大兴机场各参与单位和部门积极互动,充分了解机场工程及其实施策划方案等的基础上,依据大兴机场项目实施策划方案(技术方案和管理方案等)、机场工程历史数据和知识库、专业与管理工作经验等,确定了不同计划之间的工艺关系和组织关系。工艺关系是指按照工作之间的工艺过程或工作程序确定先后顺序,组织关系是指按照组织安排需要或资源调配需要规定先后顺序。

4.3.2 工作持续时间估计

对于工作结构分解所得的机场工程建设与运营筹备的各项工作,总进度管控课题组根据工作的任务量、工作实施条件和环境、工作组织方式、资源及效率和项目实施策划方案(技术方案和管理方案)等信息,给出每一项工作从开始到完成的时间。

依据工作结构分解、工作逻辑关系和工作持续时间,总进度管控课题组编制创建了初步总进度综合管控计划,包含了完成整个机场工程的所有建设与运营筹备工作,确定了各项工作之间的逻辑关系及其开展的先后顺序,给出了机场工程建设与运营筹备各项工作的开始时间和完成时间,并给出了大兴机场总进度综合管控计划初步关键线路。

　　由于大兴机场初步总进度综合管控计划是基于总进度目标编制形成的,因此在同层平面不同单位或部门的进度计划之间以及不同层面进度计划之间不可避免地会产生矛盾和冲突。总进度综合管控计划的综合平衡就是处理解决进度计划存在的矛盾和冲突的过程。总进度管控课题组首先对计划中的矛盾和问题进行了系统梳理和深入分析,优选方案是由问题涉及的各单位或部门一起自行协商解决问题,如自主协商不成,则由投运总指挥部主持协调。不断进行调整与平衡是初步总进度计划创建后的主要工作,此过程耗时较长,但对于后期总进度综合管控计划的执行具有重要意义。总进度综合管控计划调整和平衡的过程是各参与方思考未来可能出现的问题并提前解决矛盾冲突的过程。在这个过程中所做的工作,是保证总进度综合管控计划未来可实施性的基本工作。

4.3.3　关键性控制节点提取

　　关键性控制节点是机场工程总进度综合管控计划中位于关键线路上的重要(里程碑)事件。关键性控制节点的全部实现意味着关键线路的实现,因此通过监控关键性控制节点的实现情况可以从整体上掌握机场工程的进展状态。总进度管控课题组从获得平衡后的总进度综合管控计划的关键线路上选择重要事件作为关键性控制节点,在进行关键性控制节点的提取时,除必须满足在关键线路上这个必要条件外,还考虑到以下5个方面的情况:

　　(1)提取节点时以工作的完成时间为主,但在工程的开始阶段可提取一些工作开始节点;

　　(2)分工程区提取,如按航站区工程、飞行区工程、工作区工程、空管工程、场外配套工程等分区提取节点;

　　(3)每个工程区可按设计、采购、施工、设备和信息系统安装、调试等工程重要阶段提取节点;

　　(4)以整体系统完成而不是以其中某单个系统完成为节点,例如:航站区工程中航站楼、交通中心航班生产类设备及系统联动调试完成可作为一个节点提取,而不宜按航班集成系统、安检信息系统、离港系统、航显系统、航班查询系统、广播系统等单个系统的完成提取为节点;

　　(5)同一节点可包含多个事件,例如:运营指挥中心建筑安装工程完工、35 kVA变电站具备受电条件、航站区立交道路主体结构基本完成等都是在同一时间点上,则在计划中合并在一起组成一个节点。

4.4 总进度综合管控计划成果

4.4.1 机场主体工程工作计划

大兴机场主体工程包括航站区工程、飞行区工程、工作区工程、货运区工程、公共区工程和其他工程,在总进度综合管控计划中,每个工程都有其对应的关键节点。

1)航站区工程工作计划

表 4.1 为大兴机场航站区工程工作计划,共有 50 个关键节点。从项目建设阶段划分,节点 1~2 属于前期报批工作,节点 3~15 属于建设工作,节点 16~22 属于验收工作;节点 23~50 属于运营准备工作,其中,节点 23~36 为航站区总体管理工作,节点 37~41 为商业工作,节点 42~43 为贵宾工作,节点 44~47 为物业工作,节点 48~50 为接收工作。对于航站区工程,报批和建设节点占比 30%,验收和运筹节点占比 70%。从节点分布时间看,2018 年和 2019 年各有 25 个节点,都占比 50%。

表 4.1 大兴机场航站区工程工作计划

节点	节点内容	计划时间
1	完成航站楼及附属业务用房工程建设工程规划许可证办理	2019 年 1 月
2	完成航站楼及附属业务用房工程施工许可证办理	2019 年 2 月
3	基本完成楼前高架,具备通车要求	2018 年 6 月
4	完成航站楼主要弱电桥架贯通	2018 年 7 月
5	确定航站楼内航空公司场地区域(航空公司二次装修区)并完成移交	2018 年 8 月
6	开始航站楼与正式供电相关的大型机电设备(行李、电梯、步道等)和弱电信息设备系统调试	2018 年 8 月
7	开始航站楼消防等与供水相关的设备系统调试	2018 年 9 月
8	开始航站楼与排污相关的设备系统调试和使用	2018 年 9 月
9	开始与临时供暖相关的冬季施工	2018 年 10 月
10	完成行李系统设备安装,开始调试	2018 年 12 月
11	基本完成航站楼精装修初装(除卫生间洁具,收边收口)	2018 年 12 月
12	完成航站楼主要设备安装及系统调试,满足联调要求	2019 年 3 月
13	完成商业二次装修	2019 年 4 月
14	完成制冷站设备安装及调试工作,满足航站区制冷需要	2019 年 5 月

续表

节点	节点内容	计划时间
15	完成航站楼主要设备及系统联调(满足竣工验收要求)	2019 年 6 月
16	完成航站楼民航专业工程第三方检测	2019 年 6 月
17	完成航站楼民航专业工程竣工验收	2019 年 6 月
18	完成停车楼工程竣工验收	2019 年 6 月
19	完成航站楼竣工验收	2019 年 6 月
20	完成口岸验收	2019 年 6 月
21	完成航站区与核心区地下人防工程竣工验收	2019 年 7 月
22	完成航站楼行业验收	2019 年 7 月
23	完成航站楼资源定价方案	2018 年 8 月
24	完成航站楼资源分配方案	2018 年 8 月
25	完成航站楼楼宇管理合约签订准备工作,具备合约签订条件	2018 年 10 月
26	完成消防安全管理制度编制	2018 年 10 月
27	签订航站楼机电、行李系统维护合同	2018 年 12 月
28	完成航站楼服务设施/项目采购及管理合同签订(包括标识、饮水机、垃圾桶、拉带等设施,基础问询、保洁、手推车等)	2018 年 12 月
29	完成航站楼机电、行李系统应急预案编制	2018 年 12 月
30	完成航站楼运行程序、实施细则、应急预案、操作手册初稿	2018 年 12 月
31	完成 TOC 一线值班人员培训工作	2019 年 3 月
32	完成航站楼相关运维人员到位及培训	2019 年 3 月
33	完成航站楼内供配电,暖通空调,给排水系统联合调试	2019 年 6 月
34	航站楼 TOC 试运行	2019 年 6 月
35	完成航站楼机电、行李系统接收工作	2019 年 6 月
36	组织航站楼内工作人员岗前消防安全教育培训和疏散演练	2019 年 7 月
37	完成主要招商工作	2018 年 10 月
38	完成商业运行服务手册初稿编制,确定服务标准	2018 年 12 月
39	完成商业装修(除免税业务以外)设计、施工准备和施工报审	2019 年 1 月
40	完成商业人员到位及组织开展或参与各类培训,考核及演练	2019 年 6 月
41	完成商户开业手续的办理(工商、检疫、海关等注册、报批)	2019 年 8 月

节点	节点内容	计划时间
42	完成贵宾公司运营管理体系文件初稿编制	2018 年 12 月
43	贵宾管理系统安装、调试	2019 年 6 月
44	完成航站楼保洁、垃圾清运、环卫工作、行李打包寄存等服务流程细化方案制订	2018 年 12 月
45	完成运维服务运维方案(含应急方案)制订	2018 年 12 月
46	完成与劳务公司外包委托合同签订	2018 年 12 月
47	开始航站楼开荒保洁	2019 年 7 月
48	协调动力能源公司进驻航站楼,完成供电系统初期带电运行	2018 年 8 月
49	督促动力能源公司系统接收工作,确保供暖系统试运行	2018 年 11 月
50	督促动力能源公司系统接收工作,确保供冷系统试运行	2019 年 3 月

2) 飞行区工程工作计划

表 4.2 为大兴机场飞行区工程工作计划,共有 41 个关键节点。飞行区无动拆迁和前期报批工作,节点 1~21 为建设工作,节点 22~24 为验收工作;节点 25~41 为运营准备工作,其中,节点 25~34 为飞行区总体管理工作,节点 35~36 为机坪管制工作,节点 37~40 为消防工作,节点 41 为航空器除冰工作。对于飞行区工程,建设节点占比 51%,验收和运筹节点占比 49%。从节点分布时间看,2018 年有 21 个节点,占比 51%,2019 年有 20 个节点,占比 49%。

表 4.2 大兴机场飞行区工程工作计划

节点	节点内容	计划时间
1	完成飞行区部分排水工程(满足防汛要求)	2018 年 6 月
2	完成消防站土建施工,移交工艺设备安装	2018 年 9 月
3	完成飞行区地基处理工程(受拆迁影响区域以外)	2018 年 9 月
4	完成站坪道面工程,开始登机桥活动端安装	2018 年 9 月
5	完成飞行区再生水管网工程	2018 年 9 月
6	完成飞行区土方工程	2018 年 10 月
7	完成西飞行区跑滑系统建设	2018 年 10 月
8	完成飞行区污水管网工程	2018 年 11 月
9	完成飞行区通信管路工程	2018 年 11 月
10	完成飞行区供电、供水,满足专业设备调试需要	2018 年 11 月

续表

节点	节点内容	计划时间
11	完成东飞行区跑滑系统建设	2018 年 12 月
12	完成飞行区道桥工程	2018 年 12 月
13	完成飞行区围界工程(除北跑道部分区域)	2018 年 12 月
14	完成与校飞相关的专业设备系统安装及调试	2019 年 1 月
15	完成助航灯光工程、机坪照明及机务用电工程的设备系统安装及调试	2019 年 3 月
16	完成登机桥活动端安装	2019 年 3 月
17	开始西塔台站坪层工艺设备安装	2019 年 3 月
18	完成飞行区排水工程	2019 年 3 月
19	完成飞行区供水管道工程	2019 年 3 月
20	完成飞行区安防工程	2019 年 3 月
21	完成飞行区附属设施工程施工	2019 年 3 月
22	完成飞行区校飞相关工程竣工验收	2019 年 1 月
23	完成飞行区其他工程竣工验收(必要部分)	2019 年 4 月
24	完成飞行区工程行业验收(必要部分)	2019 年 5 月
25	完成飞行区运行管理体系文件编写	2018 年 8 月
26	联合驻场单位完成设备、车辆停放区的分配方案制订	2018 年 8 月
27	完成飞行区架构分组,骨干人员到位	2018 年 10 月
28	完成飞行区交通规则及运行管理规定制订	2018 年 12 月
29	完成外包业务招商与协议签署	2018 年 12 月
30	开展机场管理机构相关工作人员和服务商的培训、考核和演练	2019 年 1 月
31	完成设备、物资采购	2019 年 2 月
32	完成机位使用细则制订	2019 年 3 月
33	完成常用车辆采购与调试	2019 年 5 月
34	协助各驻场单位完成车辆进场工作	2019 年 9 月
35	完成管制人员招募	2018 年 8 月
36	完成管制人员培训取证	2019 年 3 月
37	开始消防工作人员招聘	2018 年 9 月
38	完成应急救援预案编写	2018 年 12 月

节点	节点内容	计划时间
39	完成新员工培训考核及资质认证工作	2019 年 5 月
40	完成消防车辆及火警调度系统采购	2019 年 6 月
41	完成除冰液处理设施的立项、建设和运营准备工作	2019 年 6 月

3）工作区工程计划

表 4.3 为大兴机场工作区工程工作计划,共有 12 个关键节点。节点 1~2 为前期报批工作,节点 3~9 为建设工作,节点 10~12 为验收工作,无运营准备工作节点。对于工作区工程,前期报批节点占比 17%,建设节点占比 58%,验收节点占比 25%。从节点分布时间看,2018 年和 2019 年各有 6 个节点,都占比 50%。

表 4.3 大兴机场工作区工程工作计划

节点	节点内容	计划时间
1	完成工作区各单体建设工程规划许可证办理	2019 年 1 月
2	完成工作区各单体建设工程施工许可证办理	2019 年 2 月
3	完成临时供电设施,满足航站楼安装调试期间用电要求	2018 年 8 月
4	完成临时供水及排污设施,满足航站楼安装调试期间用水及排污要求	2018 年 9 月
5	完成临时供暖所需要的燃气工程,满足航站楼冬季采暖要求	2018 年 10 月
6	综合管廊内外部贯通	2018 年 11 月
7	完成污水处理厂施工	2018 年 12 月
8	ITC 数据中心大楼完工交付	2019 年 1 月
9	完成正式供电、供暖、供水、排污配套工程	2019 年 1 月
10	完成热源工程验收	2018 年 10 月
11	完成污水处理厂竣工验收	2019 年 1 月
12	完成正式供电、供暖、供水、排污配套工程竣工验收	2019 年 4 月

4）货运区工程工作计划

表 4.4 为大兴机场货运区工程工作计划,共有 9 个关键节点。节点 1~2 为前期报批工作,节点 3 为建设工作,节点 4~5 为验收工作,节点 6~9 为运营准备工作。对于货运区工程,前期报批节点占比 22%,建设节点占比 11%,验收节点占比 22%,运营准备工作节点占比 45%。从节点分布时间看,2018 年有 3 个节点,占比 33%,2019 年有 6 个节点,占比 67%。

表 4.4 大兴机场货运区工程工作计划

节点	节点内容	计划时间
1	完成货运区工程建设工程规划许可证办理	2019 年 1 月
2	完成货运区工程施工许可证办理	2019 年 2 月
3	完成货运区提前投入运行的设施施工(满足开航要求)	2019 年 7 月
4	完成提前投运设施竣工验收(查验中心、卡口、国内货运库)	2019 年 7 月
5	完成货运区口岸验收	2019 年 7 月
6	确定运营模式,完成运营大纲编写	2018 年 8 月
7	完成业务流程、工作标准、相关管理手册及合约商管理办法编制	2018 年 9 月
8	确定货运区人员与组织架构	2018 年 12 月
9	完成设备调试及模拟演练	2019 年 8 月

5)公共区工程工作计划

表 4.5 为大兴机场公共区工程工作计划,共有 15 个关键节点,全部为运营准备工作,其中,节点 1～4 为交通运输管理工作,节点 5～7 为停车楼(场)管理工作,节点 8～9 为市政、物业管理工作,节点 10～12 为环境及场站管理工作,节点 13～15 为公共区值班运行工作。从节点分布时间看,2018 年有 8 个节点,占比 53%,2019 年有 7 个节点,占比 47%。

表 4.5 大兴机场公共区工程工作计划

节点	节点内容	计划时间
1	完成陆侧交通业务对接,明确业务界面,研究细化运行方案	2018 年 6 月
2	完成陆侧交通运输总体方案编制(包括:巴士、出租车、轨道交通、私家车等不同运输方式及相互之间的协调)	2018 年 12 月
3	完成运输工具和场区路网压力测试工作	2019 年 8 月
4	完成出租车机场巴士轨道交通运力不足和应急处置等地面交通运输类预案演练工作	2019 年 8 月
5	完成停车楼(场)运行流程、应急处置预案、标准作业流程、保障预案等运营管理体系文件编制	2018 年 12 月
6	完成停车场服务商和维保商招标工作	2019 年 3 月
7	停车楼(场)试运营	2019 年 9 月
8	完成运行维保标准制订	2018 年 12 月
9	完成市政、物业管理设施运维服务招标采购	2019 年 3 月
10	明确污水处理厂运行管理模式和制订运维标准	2018 年 9 月

节点	节点内容	计划时间
11	完成绿化景观资源(含中央景观轴)养护标准(结合质保期标准)制订	2018 年 12 月
12	完成污水处理厂运行维护招标采购,开始运行维护	2018 年 12 月
13	完成《公共区运行标准制订及修订管理办法》编写	2018 年 8 月
14	完成运行管理人员准入和培训工作	2019 年 3 月
15	组织公共区各类运行标准桌面模拟演练	2019 年 5 月

6) 其他工程工作计划

表 4.6 为大兴机场主体工程其他工作计划,共有 15 个关键节点。节点 1～2 为前期报批工作;节点 3～8 为建设工作,其中,节点 3～6 为公安设施建设,节点 7～8 为武警用房建设;节点 9～10 为验收工作,其中,节点 9 公安设施验收,节点 10 为武警用房验收;节点 11～15 为运营准备工作,其中,节点 11～13 为地服准备工作,节点 14～15 为旅业准备工作。在其他工程中,前期报批节点占比 13%,建设节点占比 40%,验收节点占比 13%,运营准备工作节点占比 34%。从节点分布时间看,2018 年有 4 个节点,占比 27%,2019 年有 11 个节点,占比 73%。

表 4.6 大兴机场主体工程其他工作计划

节点	节点内容	计划时间
1	完成其他相关项目建设工程规划许可证办理	2019 年 1 月
2	完成其他相关项目工程施工许可证办理	2019 年 2 月
3	完成指挥平台建设,开始调试	2019 年 5 月
4	完成公安业务楼指挥系统安装,开始调试	2019 年 5 月
5	完成智慧消防监控系统建设,开始调试	2019 年 5 月
6	完成大兴机场公安基础设施工程	2019 年 5 月
7	开始武警营房施工	2018 年 6 月
8	武警营房完工,具备入驻条件	2019 年 5 月
9	完成公安基础设施工程竣工验收	2019 年 6 月
10	完成武警营房(满足开航入驻要求)竣工验收	2019 年 5 月
11	确定大兴机场地服运营模式	2018 年 9 月
12	完成大兴机场地服操作流程初稿编制	2018 年 12 月
13	参与联合调试	2019 年 6 月
14	完成旅业工作运营管理体系文件编制	2018 年 12 月
15	旅业试运营	2019 年 5 月

大兴机场主体工程的各类工作计划的投资和责任主体都是首都机场集团,除了针对功能区域的具体计划,作为投运总指挥部的牵头单位,首都机场集团还负责众多的总体协调与跨区域工作,如表 4.7 所示,共有 45 个关键节点。节点 1～2 为处于前期报批阶段,节点 3～45 为处于运营准备阶段,在建设阶段和验收阶段无关键节点,其中,节点 3～26 为总体工作,节点 27～30 为安保工作,节点 31～35 为动力能源工作,节点 36～37 为机场公安武警工作,节点 38～45 为信息弱电工作。在首都机场集团总体协调与跨区域工作计划节点中,前期报批节点占比 4%,运营准备工作节点占比 96%。从节点分布时间看,2018 年有 24 个节点,占比 53%,2019 年有 21 个节点,占比 47%。

表 4.7　首都机场集团总体协调与跨区域工作计划

节点	节点内容	计划时间
1	协调完成与大兴机场工程施工相关动迁工作	2018 年 7 月
2	完成大兴机场地区建设用地正式用地手续办理	2018 年 10 月
3	明确机场使用空域方案,满足容量评估要求	2018 年 7 月
4	完成大兴机场人员招聘及培训计划和外包招标计划的编制工作	2018 年 7 月
5	机场管理机构向工商局提交申请,并取得营业执照	2018 年 7 月
6	明确大兴机场运营管理机构领导层和下属部门及单位配置、各层级运营管理职责和运营筹备任务	2018 年 8 月
7	评估初期保障能力,确定初期转场方案	2018 年 8 月
8	明确大兴机场跨地域经营管理问题的解决路径	2018 年 9 月
9	确定航空公司过渡期转场方案	2018 年 10 月
10	完成时刻容量评估标准建议方案并上报华北局	2018 年 10 月
11	完成运行服务标准制订	2018 年 11 月
12	确定 2019 年 9 月开航的转场实施方案	2018 年 12 月
13	向华北地区管理局和北京监管局正式提交《机场使用手册》及其附件的报批稿,征求局方意见	2018 年 12 月
14	完成大兴机场应急救援手册编制	2018 年 12 月
15	完成综合演练方案初稿编制	2018 年 12 月
16	所有人员到位(具备随时到场上岗条件)	2019 年 3 月
17	完成飞行校验	2019 年 3 月
18	取得机场飞行程序的批准文件	2019 年 4 月
19	取得机场使用细则的批准文件	2019 年 4 月

节点	节点内容	计划时间
20	满足试飞的安保要求	2019 年 5 月
21	完成试飞	2019 年 5 月
22	取得对外开放的国际机场口岸开放批复文件	2019 年 5 月
23	开始组织开展大兴机场大规模综合模拟演练	2019 年 6 月
24	完成大兴机场压力测试	2019 年 7 月
25	取得机场使用许可证	2019 年 9 月
26	全场安保清场,满足启用要求	2019 年 9 月
27	完成安保方案编制	2018 年 8 月
28	大兴机场管理机构积极与安保公司、首都机场集团对接,搭建大兴机场航空安保管理架构及体系	2018 年 12 月
29	安检设备及维护人员到位	2019 年 3 月
30	安保人员全面开始参与或配合应急演练等开航前准备工作	2019 年 6 月
31	完成污水站、供水站、燃气站运行方案及应急预案编制	2018 年 8 月
32	人员到位,满足动力能源提前临时使用要求	2018 年 8 月
33	动力能源相关人员全部到位	2018 年 12 月
34	完成航站区和飞行区能源系统运行方案及应急预案编制	2018 年 12 月
35	航站区和飞行区能源系统接收正式投运	2019 年 4 月
36	完成大兴机场红线划分,控制区分区、流程设置及控制区证件管理办法制订	2019 年 3 月
37	完成工作制度及方案预案评估调整编写,开展民警、辅警业务培训	2019 年 3 月
38	完成弱电信息部系统体系文件初稿编制,包含信息系统运维体系、信息安全管理体系及各类管理规定等	2018 年 12 月
39	完成弱电信息部信息系统应急预案及故障处置文档初稿	2018 年 12 月
40	完成大兴机场综合交通枢纽联调联试方案初稿编制	2018 年 12 月
41	完成弱电信息系统维保服务委托	2019 年 3 月
42	完成信息系统运维人员、用户及服务商培训	2019 年 3 月
43	开始配合大兴机场联合调试	2019 年 4 月
44	大兴机场信息系统试运行	2019 年 6 月
45	组织开展大兴机场各类专项模拟演练:例如各属地(航站楼、飞行区、公共区),以及关键系统(信息系统等)演练。	2019 年 6 月

4.4.2 民航配套工程工作计划

大兴机场民航配套工程包括空管工程、航油工程和航空公司工程,航空公司工程包括东航建设工程和南航建设工程。空管工程的投资和责任主体为民航华北空中交通管理局,航油工程的投资和责任主体为中国航空油料集团有限公司,东航建设工程的投资和责任主体为中国东方航空股份有限公司,南航建设工程的投资和责任主体为中国南方航空股份有限公司,在总进度计划中,每个工程都有其对应的关键节点。

1) 空管工程工作计划

表 4.8 为大兴机场空管工程工作计划,共有 17 个关键节点。节点 1～2 为前期报批工作,节点 3～8 为建设工作,节点 9～10 为验收工作,节点 11～17 为运营准备工作。在空管工程工作计划中,前期报批节点占比 12%,建设节点占比 35%,验收节点占比 12%,运营准备工作节点占比 41%。从节点分布时间看,2018 年有 2 个节点,占比 12%,2019 年有 15 个节点,占比 88%。

表 4.8　大兴机场空管工程工作计划

节点	节点内容	计划时间
1	完成建设工程规划许可证办理	2019 年 1 月
2	完成施工许可证办理	2019 年 2 月
3	完成终端管制中心主要土建工程施工,满足设备系统进场安装条件	2018 年 6 月
4	完成人工气象观测站土建工程施工,满足专业设备安装条件	2019 年 2 月
5	完成转场移动二次雷达车安装调试	2019 年 3 月
6	完成西塔台土建工程施工,并移交工艺设备安装	2019 年 3 月
7	完成 800M 数字集群系统及基站安装调试,开始试运行	2019 年 5 月
8	完成终端管制中心专业设备系统安装调试,满足使用需求	2019 年 6 月
9	完成开航必备设施竣工验收	2019 年 6 月
10	完成开航必备设施行业验收	2019 年 7 月
11	完成机场过渡期空管运行方案初稿编制	2018 年 12 月
12	完成大兴机场甚高频通信系统、800M 集群通信系统安装调试	2019 年 4 月
13	完成大兴机场气象自动观测系统、情报和气象服务系统安装调试	2019 年 6 月
14	新终端中心、仪表着陆系统开始试运行	2019 年 6 月
15	大兴机场主要空管设备飞行校验及试运行	2019 年 6 月
16	完成人员招聘及培训	2019 年 6 月
17	配合联合应急演练	2019 年 7 月

2）航油工程工作计划

表 4.9 为大兴机场航油工程工作计划，共有 35 个关键节点。节点 1～7 为前期报批工作，其中，节点 1～5 属于津京第二输油管道工程，节点 6～7 属于地面加油设施工程；节点 8～19 为建设工作，其中，节点 8～14 属于津京第二输油管道工程，节点 15～18 属于场内供油工程，节点 19 属于地面加油设施工程；节点 20～25 为验收工作，其中，节点 20～21 属于津京第二输油管道工程，节点 22～23 属于场内供油工程，节点 24～25 属于地面加油设施工程；节点 26～35 为运营准备工作，其中，节点 26～28 属于津京第二输油管道工程，节点 29～32 属于场内供油工程，节点 33 属于地面加油设施工程，节点 34～35 属于其他工程。在航油工程工作计划中，前期报批节点占比 20%，建设节点占比 34%，验收节点占比 17%，运营准备工作节点占比 29%。从节点分布时间看，2018 年有 16 个节点，占比 46%，2019 年有 19 个节点，占比 54%。

表 4.9　大兴机场航油工程工作计划

节点	节点内容	计划时间
1	完成新城镇征地拆迁补偿确认，具备进地条件	2018 年 6 月
2	完成胡家园征地拆迁补偿确认，具备进地条件	2018 年 6 月
3	办理完成廊坊市 4 座阀室国土、规划手续，自然资源部先行用地手续	2018 年 7 月
4	完成天津某仓库征地补偿确认，具备进地条件	2018 年 8 月
5	完成后续 6 处铁路征地及报批手续	2018 年 8 月
6	完成北京市、河北省区域施工、监理招标	2018 年 7 月
7	完成北京市、河北省区域施工登记办理	2018 年 8 月
8	完成武清区泗村店镇管道焊接、下沟、回填	2018 年 8 月
9	完成新城镇管道焊接、下沟、回填	2018 年 8 月
10	完成廊坊段 4 座阀室工程	2019 年 3 月
11	完成胡家园管道焊接、下沟、回填	2019 年 1 月
12	完成海河 1 管道定向钻穿越	2018 年 9 月
13	完成后续 6 处主要铁路管道穿越	2019 年 2 月
14	管道全线贯通	2019 年 2 月
15	机坪加油管道完工	2018 年 12 月
16	机场油库完工	2018 年 12 月
17	航空加油站工程完工	2018 年 12 月
18	综合生产调度中心完工	2019 年 4 月
19	6 座加油站完工	2018 年 12 月
20	完成场外管道竣工验收	2019 年 4 月

节点	节点内容	计划时间
21	完成场外管道行业验收	2019 年 8 月
22	完成场内供油工程竣工验收	2019 年 6 月
23	完成场内供油工程行业验收	2019 年 6 月
24	完成地面加油站竣工验收	2019 年 3 月
25	完成地面加油站行业验收	2019 年 7 月
26	完成场外管道运营方案	2019 年 6 月
27	完成场外管道体系文件编制(满足后续运营准备条件)、生产岗位人员到位取证	2019 年 4 月
28	完成场外管道经营证照办理	2019 年 9 月
29	完成运营专项方案纲要	2018 年 10 月
30	完成运营体系文件初稿编制	2018 年 12 月
31	完成场内供油工程危险化学品经营许可证、成品油经营许可证办理	2019 年 7 月
32	完成场内供油工程航油适航批准书、安全运营许可证办理	2019 年 9 月
33	6 座加油站完成危险化学品经营许可证和成品油零售经营批准证书办理	2019 年 7 月
34	完成投运方案、校飞保障方案编制工作	2018 年 12 月
35	完成场内油库保税航煤相关手续办理	2019 年 6 月

3）航空公司工程工作计划

（1）东航建设工程工作计划

表 4.10 为大兴机场东航建设工程工作计划,共有 19 个关键节点。节点 1～2 为前期报批工作,节点 3～4 为建设工作,节点 5～7 为验收工作,节点 8～19 为运营准备工作。在东航建设工程工作计划中,前期报批节点占比 11%,建设节点占比 11%,验收节点占比 16%,运营准备工作节点占比 62%。从节点分布时间看,2018 年有 4 个节点,占比 21%,2019 年有 15 个节点,占比 79%。

表 4.10   大兴机场东航建设工程工作计划

节点	节点内容	计划时间
1	完成建设工程规划许可证办理	2019 年 1 月
2	完成施工许可证办理	2019 年 2 月
3	两舱进场施工	2018 年 8 月
4	完成运行楼及 1♯配餐楼土建及建筑安装工程,移交设备安装	2018 年 12 月
5	完成东航一期工程竣工验收	2019 年 6 月

节点	节点内容	计划时间
6	东航国际货运站具备海关验收条件	2019 年 6 月
7	完成东航一期工程行业验收	2019 年 8 月
8	完成过渡期转场方案制订	2018 年 10 月
9	完成服务运行手册、流程及预案编写	2018 年 12 月
10	确定航班计划	2019 年 3 月
11	完成人员招聘	2019 年 3 月
12	完成核心工作区、生活服务区、机务维修及特种车辆维修区、航空食品及地面服务区及货运区工程系统调试	2019 年 6 月
13	完成人员培训	2019 年 6 月
14	车辆设备、通讯设备、基础设施等到位	2019 年 6 月
15	完成网络、信息、系统软件的安装、调试、试运行	2019 年 7 月
16	东航、中联航 HCC、AOC 交付使用	2019 年 7 月
17	完成各系统模拟压力测试	2019 年 7 月
18	完成贵宾室内部主要装修施工(不影响航站楼竣工验收)	2019 年 7 月
19	中联航转场及开航首飞	2019 年 9 月

(2) 南航建设工程工作计划

表 4.11 为大兴机场南航建设工程工作计划,共有 19 个关键节点。节点 1～2 为前期报批工作,节点 3～4 为建设工作,节点 5～7 为验收工作,节点 8～19 为运营准备工作。在东航建设工程工作计划中,前期报批节点占比 11%,建设节点占比 11%,验收节点占比 16%,运营准备工作节点占比 62%。从节点分布时间看,2018 年有 4 个节点,占比 21%,2019 年有 15 个节点,占比 79%。

表 4.11 大兴机场南航建设工程工作计划

节点	节点内容	计划时间
1	完成建设工程规划许可证办理	2019 年 1 月
2	完成施工许可证办理	2019 年 2 月
3	两舱进场施工	2018 年 8 月
4	与机场同步建成投入使用部分完成土建施工,满足工艺设备安装条件	2018 年 12 月
5	完成南航一期需投用工程竣工验收	2019 年 6 月
6	南航国际货运站具备海关验收条件	2019 年 6 月
7	完成南航一期工程行业验收	2019 年 8 月

节点	节点内容	计划时间
8	确定南航大兴机场运维部门组织架构	2018 年 8 月
9	确定过渡期转场方案	2018 年 10 月
10	完成设计运行业务手册及预案编写	2018 年 12 月
11	南航运营部门完成制订相关应急预案	2018 年 12 月
12	完成应急预案管理手册	2018 年 12 月
13	确定大兴机场航班计划	2019 年 3 月
14	完成南航大兴机场运营相关人员招聘及培训	2019 年 5 月
15	完成贵宾室装修(不影响航站楼竣工验收)	2019 年 6 月
16	完成网络、信息、系统软件的安装、调试、试运行	2019 年 6 月
17	完成生产运行保障设施运行及保障用房项目Ⅰ期、生产运行保障设施单身倒班宿舍项目Ⅰ期、机务维修设施项目、航空食品设施项目、货运设施项目中相关系统联合调试	2019 年 7 月
18	开展应急演练	2019 年 8 月
19	开航首飞	2019 年 9 月

4.4.3 场外配套工程工作计划

大兴机场场外配套工程包括场外交通工程、场外市政工程和场外其他工程,场外交通工程包括机场北线高速公路工程、机场高速公路工程、机场高速沿线综合管廊等,场外市政工程包括机场供气工程、机场供水干线工程、机场东、西 110 kV 输变电工程等,场外其他工程包括机场海关建设工程机场边防检查专业设备和系统工程等。在总进度计划中,每个工程都有其对应的关键节点和投资与责任主体。

1) 场外交通工程

表 4.12 为大兴机场场外交通工程工作计划,共有 40 个关键节点。节点 1～26 为建设工作,其中,节点 1 为大兴机场北线高速公路工程,投资主体为北京市首都公路发展集团有限公司。节点 2～3 为大兴机场高速公路工程,责任主体为京投交通发展有限公司,节点 4 为大兴机场高速沿线综合管廊,责任主体为北京市京投城市管廊有限公司,节点 5～13 为轨道交通大兴机场线工程,责任主体为北京市轨道交通建设管理有限公司,节点 2～13 的投资主体为北京市基础设施投资有限公司。节点 14～18 为京雄城际铁路(北京段)工程,投资主体为中国铁路北京局集团有限公司。节点 19～20 为新建城际铁路联络线工程,投资主体为京津冀铁路投资公司。节点 21～22 为外围综合管廊(除大兴机场高速沿线管廊)工程,投资主体为北京新航城开发建设有限公司。节点 23 为北京市噪音治理工程,投资主体为北京市新机场办。节点 24 为永定河

蓄滞洪区调整工程,节点 25 为河北省噪声治理工程,节点 26 为廊坊市连接大兴机场高速工程,这三个节点的投资主体都为河北省新机场办。

节点 27~32 为验收工作,其中,节点 27 为大兴机场北线高速公路工程,责任主体为北京市首都公路发展集团有限公司。节点 28~29 分属大兴机场高速公路工程和轨道交通大兴机场线工程,责任主体分别为京投交通发展有限公司和北京市轨道交通建设管理有限公司,这两者都是北京市基础设施投资有限公司的下属公司。节点 30 为京雄城际铁路(北京段)工程,责任主体为中国铁路北京局集团有限公司,节点 31 为新建城际铁路联络线工程,责任主体为京津冀铁路投资公司。节点 32 为外围综合管廊(除机场高速沿线管廊)工程,责任主体为北京新航城开发建设有限公司。

节点 33~40 为运营筹备工作,其中,节点 33 为大兴机场北线高速运营准备工作,节点 34 为大兴机场高速运营准备工作,节点 35 为轨道交通大兴机场线运营准备工作,节点 36 为京雄城际铁路(北京段)运营准备工作,节点 37 为综合管廊运营准备工作,节点 38~40 为机场巴士运营准备工作。在场外交通工程工作计划中,无前期报批节点,建设节点占比 65%,验收节点占比 15%,运营准备工作节点占比 20%。从节点分布时间看,2018 年有 14 个节点,占比 35%,2019 年有 26 个节点,占比 65%。

表 4.12 大兴机场场外交通工程工作计划

节点	节点内容	计划时间
1	大兴机场北线高速公路主体完工,达到通车条件	2019 年 6 月
2	大兴机场高速主体贯通	2018 年 12 月
3	大兴机场高速具备通车条件	2019 年 6 月
4	保障大兴机场功能的永兴河段具备管线敷设条件	2018 年 9 月
5	完成机场红线内 1.6 km 代建区间结构施工	2018 年 7 月
6	轨道项目次干一路北侧至主干一路交付施工作业面	2018 年 8 月
7	轨道项目次干一路南侧轨道交通满足交付施工作业面	2018 年 8 月
8	完成草桥站主体结构施工	2018 年 9 月
9	开始样板段铺轨	2018 年 9 月
10	完成地下段线路结构贯通	2018 年 12 月
11	完成轨道交通全线铺轨	2019 年 4 月
12	完成车站工程设备安装及装修工程	2019 年 5 月
13	开始轨道交通联调联试	2019 年 6 月
14	轨道交通项目次干一路南侧京雄机场段满足交付施工作业面	2018 年 8 月
15	完成京雄城际铁路(北京段)铺轨工作	2019 年 4 月
16	完成京雄城际铁路大兴机场站装修工程	2019 年 6 月

续表

节点	节点内容	计划时间
17	开始京雄城际铁路(北京段)联调联试	2019年6月
18	京雄城际铁路(北京段)通车	2019年9月
19	完成机场站土建施工、建筑安装、装饰装修工程	2019年3月
20	完成城际铁路机场线预留,满足机场投用要求	2019年8月
21	完成保通航段管廊标准段土建及建筑安装施工,具备交叉施工条件	2018年9月
22	完成保通航段管廊节点处舱段土建及建筑安装施工,具备交叉施工条件	2018年11月
23	完成北京市内噪声治理工程	2019年6月
24	永定河蓄滞洪区调整工程完成主体结构建设	2018年12月
25	完成河北省内噪声治理工程	2019年6月
26	廊坊市连接大兴机场高速工程完工	2019年9月
27	大兴机场北线高速公路工程完成达到通车条件的验收	2019年6月
28	大兴机场高速公路工程完成交工验收	2019年6月
29	完成轨道交通大兴机场线工程竣工验收	2019年6月
30	完成京雄城际铁路(北京段)验收	2019年9月
31	完成机场站装饰装修工程初验	2019年8月
32	完成保通航段管廊工程结构验收	2019年6月
33	大兴机场北线高速具备通车条件	2019年6月
34	大兴机场高速具备通车条件	2019年6月
35	轨道交通大兴机场线投入使用	2019年9月
36	京雄城际铁路(北京段)投入使用	2019年9月
37	完成综合管廊运营管理方案初稿编制	2018年7月
38	完成机场巴士运营方案制订	2018年10月
39	完成机场巴士运营相关人员招募及培训	2019年6月
40	开始机场巴士整体试运行	2019年6月

2)场外市政工程

表4.13为大兴机场场外市政工程工作计划,共有27个关键节点。节点1为前期拆迁工作,属于500 kV高压线迁改工程,责任主体为国网冀北电力有限公司。节点2~11为建设工作,其中,节点2~4属于机场供气工程,责任主体为北京市燃气集团有限责任公司;节点5属于机场供水干线工程,责任主体为北京自来水集团;节点6~11属于机场东、西110 kV输变电工程,责任主体为国网北京市电力公司大兴供电公

司。节点 12～16 为验收工作,其中,节点 12～13 属于机场供气工程,责任主体为北京市燃气集团有限责任公司,节点 14 属于机场供水干线工程,责任主体为北京自来水集团,节点 15 属于机场东、西 110 kV 输变电工程,节点 16 属于场内供电设施工程,这两个工作节点的责任主体都是国家电网北京大兴供电公司。节点 17～27 为运营准备工作,其中,节点 17～20 属于燃气公司运营准备工作,节点 21～24 属于自来水公司运营准备工作,节点 25～27 属于电力公司运营准备工作。在场外市政工程工作计划中,前期拆迁节点占比 4%,建设节点占比 37%,验收节点占比 19%,运营准备工作节点占比 40%。从节点分布时间看,2018 年有 21 个节点,占比 78%,2019 年有 6 个节点,占比 22%。

表 4.13 大兴机场场外市政工程工作计划

节点	节点内容	计划时间
1	完成 500 kV 高压线迁改工作	2019 年 3 月
2	完成临时供气设施建设,满足大兴机场调试要求	2018 年 10 月
3	开始管廊燃气管线敷设	2018 年 10 月
4	完成正式燃气管线建设,满足通气条件	2018 年 12 月
5	大兴机场供水干线工程全线贯通,具备通水条件	2018 年 9 月
6	完成高架区间高压输电线路迁改工程,满足大兴机场线施工需求	2018 年 5 月
7	基本完成大兴机场东、西 110 kV 变电站建设	2018 年 6 月
8	完成临时供电设施并送电,满足大兴机场调试期间用电要求	2018 年 8 月
9	开始大兴机场西变电站电缆敷设	2018 年 11 月
10	完成 110 kV 变电站受供电和关键开闭站受供电,满足工程需求	2019 年 1 月
11	开始大兴机场东变电站电缆敷设	2019 年 5 月
12	完成临时供气设施验收并通气	2018 年 10 月
13	完成永兴河北路、大兴机场高速(永兴河北路—大兴机场)天然气验收通气	2018 年 12 月
14	完成供水干线工程竣工验收	2018 年 9 月
15	完成变电站竣工验收	2018 年 8 月
16	完成场内供电设施验收	2019 年 2 月
17	完成燃气临时供应方案编制	2018 年 8 月
18	确定正式用气管理模式	2018 年 8 月
19	完成正式用气运营管理相关文件编制	2018 年 10 月
20	正式通气	2018 年 12 月
21	完成自来水临时供应方案编制	2018 年 8 月
22	确定正式用水管理模式	2018 年 8 月

续表

节点	节点内容	计划时间
23	完成正式用水运营管理相关文件编制	2018 年 10 月
24	正式通水	2019 年 3 月
25	完成电力运营管理相关文件编制	2018 年 6 月
26	完成临时供应方案编制	2018 年 7 月
27	正式供电至机场 10 kV 开闭站	2019 年 3 月

3）场外其他工程

表 4.14 为大兴机场场外其他工程工作计划，共有 30 个关键节点。节点 1～17 为前期拆迁和报批工作，其中，节点 1～3 属于机场海关建设工程，责任主体为北京海关，节点 4～5 属于大兴机场涉及征地拆迁工作（与北京市大兴区相关部分），节点 6 属于大兴机场地区建设用地报批工作，这三个节点的责任主体都是北京市新机场办。节点 7～13 属于大兴机场涉及征地拆迁工作（与廊坊市相关部分），节点 14 属于大兴机场地区建设用地报批工作，节点 15 属于永定河蓄滞洪区调整工程，节点 16 属于廊坊市连接大兴机场高速工程，节点 7～16 的责任主体都是河北省新机场办。节点 17 属于大兴机场地区建设用地批复工作，责任主体为自然资源部耕保司。节点 18～22 为建设工作，其中，节点 18～21 属于机场海关建设工程，责任主体为北京海关。节点 22 属于机场边防检查专业设备和系统工程，责任主体为北京出入境边防检查总站。节点 23～25 为验收工作，其中，节点 23～24 属于机场海关建设工程，节点 25 属于机场边防检查专业设备和系统工程。节点 26～30 为运营准备工作，其中，节点 26 属于海关运营准备工作，节点 27 属于边防检查运营准备工作，节点 28～30 属于华北管理局运营准备工作。在场外其他工程工作计划中，前期拆迁和报批节点占比 57%，建设节点占比 17%，验收节点占比 10%，运营准备工作节点占比 16%。从节点分布时间看，2018 年和 2019 年各有 15 个节点，都占比 50%。

表 4.14 大兴机场其他工程工作计划

节点	节点内容	计划时间
1	确定缉毒犬、私货库、动植隔离场、检疫犬基地项目用地	2018 年 7 月
2	完成建设工程规划许可证办理	2019 年 1 月
3	完成施工许可证办理	2019 年 2 月
4	完成维修机坪电杆拆除	2018 年 7 月
5	完成超净空的树木和构建筑物等障碍物移除	2019 年 2 月
6	完成向自然资源部申报正式用地手续	2018 年 7 月
7	完成东跑道苗圃、电杆、线缆及部分树木的拆除	2018 年 7 月

节点	节点内容	计划时间
8	解决北跑道施工问题	2018 年 7 月
9	解决 B 段明渠南端施工土方运输受阻问题	2018 年 8 月
10	完成 B 段明渠武榆路北侧电线杆拆除	2018 年 8 月
11	消除 C 段明渠、S0 泵站、闸口施工障碍物影响	2018 年 8 月
12	完成北跑道目前红线内廊坊市区域若干道路、供电设施、供水管线、电线杆拆除	2018 年 8 月
13	完成超净空的树木和构建筑物等障碍物移除	2019 年 2 月
14	完成向自然资源部申报正式用地手续	2018 年 8 月
15	协调完成蓄滞洪区征地拆迁工作	2018 年 12 月
16	协调完成机场高速征地拆迁工作	2018 年 12 月
17	完成大兴机场地区建设用地正式用地手续批复	2018 年 10 月
18	海关综合楼项目二次结构施工和室内装修完成	2019 年 3 月
19	完成海关旅检现场信息化基础建设及单机调试	2019 年 3 月
20	完成海关货运现场用房土建施工及专业设备系统安装调试	2019 年 6 月
21	完成海关航站楼内相关专业设备系统联合调试	2019 年 6 月
22	完成边检航站楼内相关专业设备系统单机及联合调试	2019 年 6 月
23	完成海关综合楼项目竣工验收	2019 年 4 月
24	完成航站楼海关专业设备和系统口岸验收	2019 年 6 月
25	完成航站楼边检专业设备和系统口岸验收	2019 年 6 月
26	完成海关相关人员到位及培训	2019 年 3 月
27	完成边检相关人员到位及培训	2019 年 3 月
28	完成航班时刻资源分配方案制订	2018 年 10 月
29	明确机构与人员配置	2018 年 12 月
30	人员到位,满足监管要求	2019 年 6 月

4.4.4　主关键线路梳理

表 4.15 梳理了大兴机场的主关键线路,时间跨度从 2018 年 7 月至 2019 年 5 月, 共涉及 91 个关键节点。

表 4.15　大兴机场主关键线路梳理

序号	节点时间	节点名称
1	2018 年 7 月	B 段明渠南端施工土方运输受阻问题解决

续表

序号	节点时间	节点名称
2	2018年7月	B段明渠武榆路北侧电线杆拆除
3		C断明渠、S0泵站、闸口施工障碍物影响消除
4		北跑道施工问题解决
5		完成北跑道目前红线内廊坊市区域若干道路、供电设施、供水管线、电线杆拆除
6		完成东跑道苗圃、电杆、线缆及部分树木的拆除
7		维修机坪电杆拆除
8		完成空域批复
9		确定运行资源分配方案
10		运营团队就绪,转场方案确定
11	2018年8月	完成航站楼主要弱电机房土建,移交设备安装
12		完成航站楼市政供电,满足调试要求
13		具备空管设施现场安装条件
14	2018年9月	大兴机场供水干线工程全线贯通,具备通水条件
15	2018年10月	航站楼临时供暖
16		航空公司开始两舱休息室进场施工
17		确定机场和空管信息交互方案
18		确定机场命名
19		完成时刻容量评估标准建议方案并上报民航华北局
20		制订航班时刻资源分配方案
21		完成商业招租
22		确定大兴机场过渡期转场方案
23	2018年11月	飞行区正式供电
24		综合管廊内外部贯通
25		启动三字码申请工作
26	2018年12月	航站楼精装修初装基本完成(除卫生间洁具,收边收口)
27		完成设备系统安装(机场指挥部所属工程)
28		大兴机场北线高速工程完工,具备通车条件
29	2019年1月	完成永定河蓄滞洪区调整工程主体结构建设
30		航站楼及飞行区主要工程完工
31		正式提交《机场使用手册》《航空安全保卫方案》和《应急救援方案》

序号	节点时间	节点名称
32	2019 年 1 月	服务供应商确定
33		拟定交叉跑道运行规则
34		确定检查点、安检实施方案
35		确定跨地域运营管理方案
36		确定 2019 年 9 月开航的转场实施方案
37		确认"通程航班"政策
38	2019 年 2 月	ITC 楼完工并交付
39		地面加油设施工程专项验收、交工验收和行业验收
40		获得三字码
41		飞行区校飞相关工程竣工验收
42	2019 年 3 月	完成 2020 年夏秋季航班时刻分配
43	2019 年 4 月	完成航站楼弱电设备安装及系统调试,满足联调要求
44		具备正式供电至各开闭站、通水和通气接入条件
45		西塔台土建工程完工
46		完成飞行校验
47		获得四字码
48		确定 2020 年 3 月的转场实施方案
49		向社会公布转场方案
50		大兴机场红线划分,控制区分区、流程设置及控制区证件管理
51		所有人员到位(具备随时到场上岗条件)
52		飞行区剩余工程、市政配套竣工验收
53		海关综合楼项目竣工验收
54		取得机场飞行程序批准文件
55		津京第二输油管道竣工验收
56		完成地面加油站经营证照办理
57		完成航油供应安全运营许可办理
58	2019 年 5 月	轨道试运行(试轨)
59		武警营房具备入驻条件
60		完成试飞
61		完成航站楼初验
62		完成飞行区行业验收

续表

序号	节点时间	节点名称
63	2019 年 5 月	完成综合演练方案编制
64		国际机场口岸批复
65		完成交通运输保障方案
66		开始航站楼开荒保洁
67	2019 年 6 月	二次装修完工
68		航空公司两舱休息室竣工验收
69		完成机场及驻场单位联调联试
70		大兴机场高速具备通车条件
71		东机坪塔台具备指挥条件
72		完成竣工验收(航站楼、停车楼、空管设施、场内供油工程、东航和南航一期需投用工程)
73		航行情报资料送印
74		转场航空公司启动飞行机组培训
75		机场巴士试运行
76		确定大兴机场地服操作流程
77	2019 年 7 月	完成投运的货运设施验收
78		完成航站楼行业验收
79		完成各系统压力测试
80		完成航站区、飞行区封闭,机场进入试运行状态(管理移交)
81		完成第一次综合模拟演练
82	2019 年 8 月	完成第三批行业验收
83		机场使用许可现场审定
84		完成第二次综合模拟演练
85		完成第三次综合模拟演练
86		轨道交通大兴机场线、京雄城际铁路投入使用
87		航行情报资料生效
88	2019 年 9 月	完成第四次综合模拟演练
89		全场安保清场,满足启用要求
90		机场使用许可批复
91		具备开航条件

4.5 总进度综合管控计划责任分配

4.5.1 工程责任主体分配

总进度综合管控计划中所需完成的工作,必须明确相应的责任单位或责任部门,将总进度计划与组织分解结构相联系,从组织角度落实责任分工及责任单位或责任部门,形成大兴机场总进度综合管控计划的责任分配。对于需要由若干个部门配合一起完成的节点或工作,除明确责任部门外,还明确了配合部门,从组织上有效解决了多部门参与工作的互相配合问题,各项工作任务的责任落实。

为了厘清不同单位间的工作界面,方便不同组织间的协调沟通,以"投资主体—工程项目—建设(管理)单位—验收单位—运营筹备单位"的思路进行大兴机场工程责任主体分解,分解结果如表 4.16 所示,共涉及全场地基处理工程、全场土方工程、全场雨水排水工程等 46 项工程,涉及首都机场集团、民航华北空中交通管理局、中国东方航空有限公司等 15 个投资主体,涉及北京新机场建设指挥部、廊坊市水务局、民航华北空中交通管理局空管工程建设指挥部等 18 个建设(管理)单位,涉及大兴机场东航基地项目建设指挥部、南航大兴机场建设指挥部、京投交通发展有限公司等 20 个验收单位,涉及京津冀管道运输有限公司、中航油(北京)机场航空油料有限责任公司、中航油空港(北京)石油有限公司等 22 个运营筹备单位。大兴机场工程责任主体分解表从工程的实际推进角度,对投资主体和项目之间的界面做了系统划分,进一步推动了总进度计划在组织和项目层面的落地。

表 4.16　大兴机场工程责任主体分解表

投资主体	工程项目名称	建设(管理)单位/ 验收单位	运营筹备单位
首都机场集团	全场地基处理工程	北京新机场建设指挥部	首都机场集团运营筹备相关部门
	全场土方工程		
	全场雨水排水工程		
	飞行区工程(第一批)		
	航站区工程(第二批)		
	工作区工程(第三批)		
	货运区等配套工程(第四批)		
	新增立项工程(第五批)		
	机场防洪工程	廊坊市水务局	

续表

投资主体	工程项目名称	建设(管理)单位/验收单位	运营筹备单位
民航华北空中交通管理局	西塔台工程	民航华北空中交通管理局空管工程建设指挥部	民航华北空中交通管理局运营筹备部门
	东塔台工程		
	空管核心工作区工程		
	终端管制中心工程		
	廊坊四台站工程		
	一二次雷达站工程		
	气象综合探测场工程		
	飞行区工艺安装工程		
	飞行区通信管道工程		
	空管通信线路工程及北京终端管制中心通信		
中国东方航空股份有限公司	核心工作区工程	大兴机场东航基地项目建设指挥部	中国东方航空有限公司运营筹备相关部门、中国联合航空公司
	生活服务区工程		
	机务维修及特种车辆维修区工程		
	航空食品级地面服务区工程		
	货运区工程		
中国南方航空股份有限公司	机务维修设施项目	南航大兴机场建设指挥部	南航运营筹备相关部门、南航北京分公司运营筹备组
	生产运行保障设施单身倒班宿舍项目Ⅰ期		
	航空食品设施项目		
	生产运行保障设施运行及保障用房项目Ⅰ期		
	货运设施项目		
中国航空油料集团有限公司	津京第二输油管道工程	大兴机场航油工程指挥部/京津冀管道运输有限公司	京津冀管道运输有限公司
	场内供油工程	大兴机场航油工程指挥部/中航油(北京)机场公司	中航油(北京)机场航空油料有限责任公司
	地面加油设施工程	航油工程指挥部/中航油空港(北京)石油公司	中航油空港(北京)石油有限公司

续表

投资主体	工程项目名称	建设(管理)单位/验收单位	运营筹备单位
中国铁路北京局集团有限公司	京雄城际铁路工程	中铁北京局京南工程项目管理部	中铁北京局京南工程项目管理部
北京华北投新机场北线高速公路有限公司	大兴机场北线高速公路北京段工程	北京华北投新机场北线高速公路有限公司	北京华北投新机场北线高速公路有限公司
京津冀城际铁路投资有限公司	新建城际铁路联络线工程	京津冀城际铁路投资有限公司	京津冀城际铁路投资有限公司
北京市基础设施投资有限公司	轨道交通大兴机场线工程	北京市轨道交通建设管理有限公司	北京市轨道交通建设管理有限公司
	大兴机场高速公路工程	京投交通发展公司	京投交通发展有限公司
	大兴机场高速沿线综合管廊工程	北京市京投城市管廊有限公司	北京市京投相关运营筹备部门
	外围综合管廊工程(除大兴机场高速沿线管廊)	北京市京投城市管廊有限公司	京投交通发展有限公司
北京新航城控股有限公司		北京新航城控股有限公司	北京市京投城市管廊
国网冀北电力有限公司	500 kV 高压线迁改工程	国网冀北电力有限公司	国网冀北电力有限公司
国网北京市电力公司	大兴机场东、西 110 kV 输变电工程	国网北京市电力公司	国网北京市电力公司
北京市燃气集团有限责任公司	永兴河北路燃气管线工程	北京市燃气集团有限责任公司	北京市燃气集团有限责任公司
	大兴机场高速燃气管线工程		
北京自来水集团	大兴机场供水干线工程	北京自来水集团	北京自来水集团兴润水务
廊坊市	大兴机场北线高速廊坊段工程	—	—
	噪声区搬迁工程	廊坊市相关单位	—

4.5.2　工作交叉界面梳理

　　根据大兴机场的各项工作的工序和时序安排，共梳理出供水、供电和供气等市政衔接界面、飞行区验收与飞行校验、试飞界面等 13 个工作交叉界面，如表 4.17 所示。在每个交叉界面中，总进度管控课题组给出了交叉界面的内容和涉及的相关节点，对不同工程、不同工作之间的前后顺序和因果关系做了阐述，目的是明确相应的责任主体，确定交叉界面的利益相关方，方便后期计划执行过程中的协商、协调与协同。

表 4.17　大兴机场工作交叉界面梳理表

序号	交叉界面名称	交叉界面内容	交叉界面涉及相关节点
1	供水、供电和供气等市政衔接界面	供水、电和燃气是为了保障航站楼冬季施工时的低温采暖需求，以及楼内设备及系统安装调试要求；综合管廊完工且各市政单位穿线完成，是机场获得正式用水、电、燃气等能源供应的重要前置条件	完成航站楼市政供电，满足调试要求
			大兴机场供水干线全线贯通，具备通水条件
			航站楼临时供暖
			综合管廊内外部贯通
			完成设备系统安装（机场指挥部所属工程）
			具备正式供电至各开闭站、水气接入条件
			完成航站楼主要设备安装及系统调试，满足联调要求
2	飞行区验收与飞行校验、试飞界面	飞行区工程竣工验收与校验试飞存关联关系：在飞行区工程竣工后方可试飞	飞行区校飞相关工程竣工验收
			完成飞行校验
			完成飞行区剩余工程竣工验收
			取得机场飞行程序批准文件
			完成试飞
			完成飞行区行业验收
3	空管塔台与飞行区站坪塔台工程界面	飞行区站坪塔台部分功能要移至空管西塔台	西塔台土建工程完工
			东机坪塔台具备指挥条件
			完成空管设施竣工验收
4	航站区、配套区与轨道交通大兴机场线界面	大兴机场线完成结构工程施工并移交施工界面的时间，会影响场内市政道路、排水明渠、地下人防等工程	航站楼及飞行区主要工程完工
			完成部分市政配套竣工验收
			轨道试运行（试轨）
			轨道交通大兴机场线投入使用

序号	交叉界面名称	交叉界面内容	交叉界面涉及相关节点
5	航站区与两舱施工界面	航站楼内的装修、消防验收与航空公司两舱休息室施工、消防验收存在界面关系	航空公司开始两舱休息室进场施工
			航空公司两舱休息室竣工验收
			完成航站楼竣工验收
6	航站区与商业进场二次装修界面	航站楼内装修、消防验收与商业机场二次装修、消防验收存在界面关系	完成商业招租,启动一次装修
			完成航站楼竣工验收
7	航油工程建设运营与报批、周边沿线动拆迁界面	报批及运营手续的办理、征地拆迁与航油工程的建设及运营存在界面关系	地面加油设施工程专项验收、交工验收和行业验收
			津京第二输油管道完成竣工验收
			完成地面加油站经营证照办理和航油供应安全运营许可
			完成场内供油工程竣工验收
8	大兴机场各项工程竣工验收界面	2019年3至6月为工程验收期,时间紧迫,红线内项目繁多,需启动制订验收方案,将纳入北京市竣工联验机制	航空公司两舱休息室竣工验收
			完成竣工验收(航站楼、停车楼、空管设施、场内供油工程、东航和南航一期需投用工程)
			完成投运的货运设施验收
9	运营管理机构确定及主要专业人员到位界面	运营管理机构的明确有利于后续运营准备工作的梳理开展;主要专业人员的到位便于后续参与联调、模拟演练等工作	明确运营管理机构领导层和下属部门及单位配置、各层级运营管理职责和运营筹备任务
			完成大兴机场人员招聘及培训计划和外包招标计划的编制工作
			所有人员到位(具备随时上岗条件)
			完成航站区、飞行区封闭,进入试运行状态(管理移交)
10	机场命名确认与三字码、四字码界面	机场命名是三字码、四字码完成的前置条件	确定机场命名
			启动三字码申请工作
			获得三字码
			获得四字码

续表

序号	交叉界面名称	交叉界面内容	交叉界面涉及相关节点
11	初期转场方案与各驻场单位运营准备界面	明确初期转场方案,便于协调推进大兴机场各驻场单位的运营准备工作	确定运行资源分配方案
			制订航班时刻资源分配方案
			确定大兴机场过渡期转场方案
			确定9月开航的转场实施方案
			完成2020年夏秋季航班时刻分配
			确定各航空公司大兴机场运行方案
			确定2020年3月的转场实施方案
12	跨地域运营事宜与商业招商、证照办理界面	运营涉及跨地域的中央事权、地方事权和综合专项三类问题,制约招商、海关、工商注册、应急救援手册编制业务开展	完成商业招租
			确定跨地域运营管理方案
			完成地面加油站经营证照办理和航油供应安全运营许可
13	联调联试及综合模拟演练界面	联调联试是竣工验收的前置条件,安保清场、管理移交和综合模拟演练之间存在关联关系;综合模拟演练的次数及时间安排需协调	完成综合演练方案初稿编制
			完成机场及驻场单位联调联试
			完成航站区、飞行区封闭,机场进入试运行状态(管理移交)
			完成第一次综合模拟演练
			完成第二次综合模拟演练
			完成第三次综合模拟演练
			完成第四次综合模拟演练

4.6   总进度问题梳理及对策

4.6.1   项目问题梳理

在对影响大兴机场工程进度的因素系统分析的基础上,对影响进度的重要问题,共梳理出40个重要问题,如表4.18所示。其中,综合协调类7个,前期工作类3个,建设工作类6个,验收工作类5个,运筹工作类19个。

表 4.18　大兴机场项目问题梳理表

序号	问题类别	问题内容
1	综合协调类	空域方案批复
2		机场命名
3		确定各相关部门及单位运营主管机构的组织架构和主要人员到位时间
4		影响国际航班、航油等前置审批程序的协调,包括国际机场口岸批复、航油供应安全运营许可、航油经营证照办理等程序
5		跨地域运营方案(中央事权、地方事权、应急预案、综合交通运营方案)
6		航行情报生效时间
7		材料价格调差
8	前期工作类	协调推动河北省域红线内四条道路、若干线路、线杆拆除
9		协调推动津京第二输油管道建设规划路由、征地拆迁事宜
10		抓紧进行审批办理工作,确保工程顺利竣工验收
11	建设工作类	供水、供电和供气等市政配套衔接
12		综合管廊内外部贯通
13		飞行区东站坪塔台 2019 年 6 月需具备指挥条件,飞行区站坪塔台部分功能要移至空管西塔台
14		大兴机场线完成结构工程施工并移交施工界面
15		固体垃圾处理
16		加快综合管廊施工进度,满足供水、供电、燃气等市政配套使用需求
17	验收工作类	关于加快飞行程序设计工作
18		免税区装修与消防验收
19		校飞、飞行程序批复、竣工验收、试飞等
20		关于大兴机场民航专业工程消防审批
21		工程验收期时间紧迫,需及早启动制订验收方案
22	运筹工作类	北京终端区调整方案确定后,统筹大兴机场、首都、天津三个机场需求,抓紧开展容量评估,制订航班时刻资源分配方案
23		空域容量评估
24		航空公司需提前一年进行地面保障资源准备
25		完成飞行程序
26		转场航空公司飞行机组模拟培训需 3 个月时间,要确定相关牵头单位及时间安排
27		拟订检查点设置、货运区统一安检方案

续表

序号	问题类别	问题内容
28		海关出港委托安检实施相关支持政策
29		关于货运安检一体化
30		大兴机场驻场单位获取车辆号牌事宜
31		试飞时消防车到位提供保障事宜
32		协调北京市、河北省保障大兴机场职工住房需求
33		尽快协助外围配套单位办理相关行政许可
34	运筹工作类	需提前制订运筹有关替代方案
35		关于武警方案及相关设施建设
36		关于低能见度运行
37		结合国际经验，拟定交叉跑道运行规则建议，抓紧研究颁布
38		完成商业招租，启动二次装修的时间
39		已安装设备设施的安全保护工作，例如校验后的导航设施等
40		综合模拟演练次数

4.6.2 重点问题对策提出

针对大兴机场的所处环境及工程现状，以问题为导向，梳理出对项目进度有影响的重点问题，并给出了相应的应对措施。

1）加快推进500 kV高压线迁改工作

500 kV高压线占据了大兴机场飞行区部分跑道位置，影响施工，同时也不能满足大兴机场航行和净空要求。为了利于跑道和滑行道的施工，需要尽快对高压线完成迁改。如果不能尽快完成以上工作，将影响校飞和试运行工作的进行，并可能影响完成开航目标。建议：一方面，北京新机场建设指挥部加紧与廊坊市相关部门沟通，尽快完成占地补偿工作；另一方面，国网冀北电力公司加快配合完成停送电工作安排。

2）加快剩余建设工程进度

建设关键线路工期紧张，部分项目如不抢抓进度，将造成非关键线路变成关键线路，进一步加剧工期压力。建议针对不同的工程项目特点，采取切实有效的措施，加快建设进度。

3）确定临时供电所需用电量

经过协调，电力公司同意提供临时供电设施并以正式供电的标准为航站楼供电，但是还未明确测算航站楼调试所需供电量。建议北京新机场建设指挥部尽快对航站楼安装调试所需用电量进行测算，并提交电力公司确认；电力公司尽快编制临时供电方案,并尽快完成临时供电的设施设备安装和调试。

4)确定临时供气所需燃气量

经过协调,决定采取临时措施为航站楼供气。为确保航站楼楼内气温在冬季能够满足施工条件,需要提供准确的燃气需求量,以便燃气公司安排足够的供气设施。建议北京新机场建设指挥部研究确定所需的供气量,燃气公司尽快编制临时供气方案并完成临时供气设施设备安装施工。北京新机场建设指挥部配合燃气公司提供充足的场地用于供气设施的停放并确保供气安全。

5)加快综合管廊施工进度,满足供水、供电、燃气等市政配套使用需求

综合管廊完工且各市政单位穿线完成,是大兴机场获得正式用水、电、燃气等能源供应的重要前置条件。综合管廊土建施工进度不能满足水、电、燃气管线敷设的节点要求。建议综合管廊建设方与各相关市政单位进行协调,在确保大兴机场能源供应时间节点的条件下,平衡管廊施工时间及市政管线施工时间。

6)加快确定各单位运营机构的组织架构和主要人员到位时间

部分单位的运营机构架构还未明确,主要人员也都还未到位。建议有关单位要抓紧研订组织架构及职责分工,并尽快明确主要运营管理人员到位时间表,加快推进运营筹备工作。

4.6.3 整体工程建议提出

为推动大兴机场顺利、按时实现总进度目标,提出9条建议。

1)构建"直通车"通道

针对部分"跨区域、高层次、难协调"问题,为确保开航目标的顺利实现,建议尽快上报有关部门推动构建协调和解决问题的"直通车"通道,加强各相关省市行政主管部门、中央机关单位,包括北京市、河北省、天津市、民航局、武警总部、海关总署、相关部队等的通力合作和协调沟通,加速推进各类超越组织边界、超越项目边界问题的解决。

2)建立快速决策机制

对于民航系统内部可以协调的问题,建议在建议上报民航领导小组建立一个快速决策机制,明确对于不同层次问题的决策层级,避免问题的层层上报和手续的层层审批,最终实现组织内部问题的快速解决。

3)建立奖惩制度

大兴机场参与单位众多,任何一个部门或单位的效率都可能影响到最终目标的实现。为此,建议构建一套行之有效的奖惩制度,以更好地促进所有的参与部门及单位积极主动地推进机场建设及运营筹备工作。

4)建立风险管理体系

建议民航领导小组可逐步以总进度综合管控计划的关键性控制节点为依据,按

周、月、季、半年、年度为周期,开展进度对比分析、纠偏等控制工作,减少风险,保证有效控制各关键线路工作按时推进,同时防止非关键线路上的工作由于无故拖延,成为关键线路。

5）制订专项计划

总进度综合管控计划确定后,各有关部门及单位应进一步针对部分复杂界面任务编制专项计划。

6）加大资源投入

大兴机场体量规模庞大,相关部门单位众多,剩余工作任务紧迫,关键线路繁多,对于部分关键线路上的工作,若预测存在影响开航目标实现的风险,建议加大必要的资源投入力度,包括资金力度和政策帮扶力度,保障进度顺利推进,以保证总进度目标的实现。

7）强化定期会议协调机制

大兴机场到了决战决胜时期,有大量事宜有待领导层决策解决。建议通过民航领导小组办公室强化定期的会议协调机制,发挥协调平台作用,推动各项工作向着开航的总目标前进。

8）完善沟通机制

当问题涉及多部门、多单位、多专业时,各部门或单位人员之间的沟通合作效率仍有待提高,建议进一步梳理和改进各相关部门和单位之间的沟通协调机制。

9）分批验收

大兴机场的项目规模和建设体量巨大,如果所有项目都集中在开航前的最后一个阶段内进行行业验收,需要大量人员开展验收工作。为此,建议通过提前合理划分,编制验收专项计划,按批次有序组织行业验收。除此之外,对于部分项目,例如飞行区工程,考虑到校飞试飞等工作的时间需要,建议提前组织验收。

4.7　小结

（1）大兴机场建设及运营筹备工作全面应用建设运营一体化理念,通过系统集成机场建设全过程的工程建设活动和运营筹备活动,将建设计划与运营筹备计划深度融合,形成工程建设与运营筹备总进度综合管控计划,实现机场建设与运营筹备工作的整体优化。

（2）大兴机场总进度综合管控突破传统项目管理的工作结构分解（WBS）,建立"项目—组织—进度"三维视角,开展系统的项目结构分解（PBS）和组织结构分解（OBS）,通过综合运用还原论和整体论方法,形成大型复杂群体项目的复杂性降解。

第5章
北京大兴国际机场专项进度计划

大兴机场建设规模庞大、项目构成众多、组织结构复杂,建设这种巨型项目,仅仅依靠总进度计划难以满足细部进度管控需要。根据《民用机场工程建设与运营筹备总进度综合管控指南》,针对机场工程建设与运营筹备中一些特定或重大的横向综合性事项,特别是涉及多部门多项目界面性协调工作量大的复杂事项,需要编制专项进度计划。

北京新机场建设指挥部、南航建设指挥部、东航建设指挥部、空管指挥部和航油指挥部分别牵头各单位专项进度计划编制,为影响总进度综合管控计划的关键节点和重要工程时间点提供抓手和方向。在此基础上,总进度管控课题组对各单位专项进度计划进行汇总、分析、摸排和点评,完善和改进后的专项计划不仅较好解决了进度相关问题,并且被纳入总进度综合管控体系。

5.1 专项进度计划概述

5.1.1 专项进度计划编制背景

2019年年初,"6·30竣工,9·30前投运"的总进度目标已经迫在眉睫,机场各参建单位和部门都在加班加点工作。当时,374个关键性控制节点中,计划完成180个,实际完成145个,按时完成率81%,2019年还需完成229个关键节点,占节点总数的61%。因此,为实现全面竣工的目标,需进一步对原计划进行细化并采取强有力的管控措施。

专项进度计划是机场工程总进度综合管控计划的深化和补充,其实施性和操作性更强。2019年1月8日,民航局以明传电报下发了关于《进一步加强2019年大兴机场总进度综合管控工作》的通知,通知要求各建设及运营筹备单位补充专项计划,包括交叉作业专项计划、验收专项计划、设备纵向投运专项计划及其他重要专项计划,计划编制完成后报投运总指挥部和协调督导组,抄民航领导小组办公室备案,投运总指挥部和相关单位负责组织实施,协调督导组检查实施结果。

5.1.2　专项进度计划构成

专项进度计划涵盖机场工程建设与运营筹备的各责任主体、各项目阶段,帮助梳理责任主体、各阶段间、各项目间的界面问题,支撑工作推进过程中的无缝衔接。根据《民用机场工程建设与运营筹备总进度综合管控指南》,专项进度计划主要内容包括事项概况、事项问题的梳理和分析、事项实施的总体部署、核心问题解决方案研究、专项进度计划表、协调沟通机制和问责机制。

从本质上讲,专项进度计划必须服从机场工程项目总进度综合管控计划的安排,关键节点需与之保持一致。专项进度计划的编制方法也与总进度综合管控计划基本相同,核心是对存在矛盾或冲突的问题排摸梳理和综合分析,通过对解决方案的研究,对计划进行平衡。不同的是,与总进度综合管控计划相比,专项计划针对性更强,其对象是工程建设和运营筹备中较为棘手的复杂问题,强调通过解决工程系统中的主要矛盾或矛盾的主要方面来推动问题的整体解决。

机场工程典型的专项进度计划,如图 5.1 所示,包括设备安装调试专项计划、弱电系统联调联试专项计划、特种设备物资采购专项计划、工程界面交叉协调专项计划、竣工及行业验收专项计划、移交与接收专项计划、综合演练专项计划、开航程序批复专项计划、人员招聘与培训专项计划、其他专项计划。

大兴机场对专项计划进行部分交叉重叠。例如,设备安装调试专项计划和移交与接收专项计划之间相互联系、彼此重叠,因此合并为设备投运专项计划。

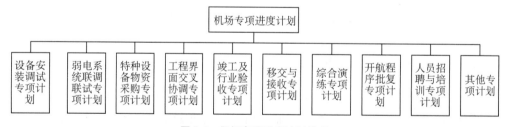

图 5.1　机场专项进度计划构成

专项进度计划是对机场总进度综合管控计划的细化和补充,对于不同的民用机场,或者同一民用机场的不同区域,专项计划应按照实际需求编写。大兴机场面临着交叉施工作业复杂、施工工期紧张、设备安装调试与移交接收衔接环节多等情况。应根据自身的特点和实际问题编制真正用于解决实际问题的专项进度计划。

大兴机场专项进度计划主要包括交叉作业专项计划、设备投运专项计划和验收专项计划。其中,交叉作业专项计划涵盖工程界面交叉协调专项计划和开航程序批复专项计划。从编制主体的角度该专项进度计划又分为：北京新机场建设指挥部专项计划、东航专项计划、南航专项计划、空管专项计划以及航油专项计划。其中以北京新机场建设指挥部专项计划为重点专项计划，包括建设与运筹三大重要交叉施工专项进度计划、设备纵向投运专项计划、验收专项计划和开航程序批复重要事项专项计划。其他指挥部编制的专项计划包括：安装调试培训专项计划、移交专项计划、验收专项计划、管制情报专项计划等。通过编制专项进度计划，各单位重新梳理了在复杂交界区域的建设思路，对设备投运和竣工验收时间节点也做出相应调整，以确保按时完成总进度目标。

5.1.3 专项进度计划的作用

专项进度计划必须服从机场工程总进度综合管控计划的安排，必须对各建设主体单位分别编制的专项计划，从总进度综合管控计划的角度点评，通过协调沟通机制，优化实施过程，实现综合平衡。

在各单位编制的交叉施工专项计划中，交叉区域存在工作面互相冲突、入场时间彼此矛盾的问题。在随后的两个月中，总进度管控课题组认真审阅了北京新机场建设指挥部、东航建设指挥部、南航建设指挥部、空管指挥部和航油工程指挥部这5家单位共提交的25份专项计划文件和10份补充说明文件，基于时间一致性、信息完备性、安排合理性、编制角度准确性、问题综合梳理等多个方面的标准对专项计划进行深入分析，标注出不合理之处，向各单位出具了7份书面意见。

通过对交叉作业专项计划、设备纵向投运专项计划和验收专项计划进行汇总、分析、摸排、梳理、优化，有效地解决了不同单位交叉作业互相矛盾的问题，从而使各单位能够在交叉区域合理施工，减少了工期延误。修改后的专项计划不仅较好解决了具体的专项问题，并且被纳入总进度综合管控体系中，取得了良好的实践效果和示范作用。

5.2 交叉作业专项计划

5.2.1 "一大三重"进度问题

2019年1月8日，民航局针对进度管控中的主要风险，正式提出"一大三重"问题。"一大"指机场用地手续办理，正式用地批复是办理所有工程规划许可证必备的前置手续，如果正式用地手续无法如期批复，相关工程规划许可证均无法完成正式办理。同样，建设工程规划许可证是施工许可证的前置条件，相关工程施工许可证的办理也无法完成。"三重"包括航站楼周围一圈交叉施工尚未协调一致、航站楼北相关单位市政接入需求与供给尚未平衡、航行公告生效前置流程按常规需要的时间无法满足开航要求。

2019年2月1日，民航领导小组办公室下发了关于《北京大兴国际机场总进度综合管控工作问题分析会》的通知，明确要求各建设及运营筹备单位进一步完善内部管控体系，全面排摸交叉施工的问题，抓紧编制滞后项目专项管控计划、验收移交专项计划、设备投运专项计划。问题分析会议就专项计划编制的作用、要求、方法等再次给出了具体说明并回答了各单位的相关问题。同时，为便于各单位深入理解专项计划，现场还剖析了多个实例，对已提交的专项计划给出了点评意见。

2019年2月21日，民航领导小组再次发出通知，要求各建设及运营筹备单位汇报内部管控体系、交叉施工专项计划、滞后项目专项计划、验收移交专项计划和设备投运专项计划，由总进度管控课题组对专项计划编制情况给予点评，提出改进意见。

2019年2月26日，民航局机场司在巡查讨论会上提出"一大三重"问题的后续推进工作：包括主办、主督、主调在内的相关单位要盯住风险，重要风险通过管控计划及专项计划督办，各单位应该在3月10日前完成专项计划细化完善要求，积极纠偏。

专项进度计划的编制方法与一般进度计划的编制基本相同。尽管编制时间紧迫、任务繁重，北京新机场建设指挥部仍然于2019年2月22日按时完成编制并提交了包括6份交叉作业专项计划在内的专项进度计划。北京新机场建设指挥部会同总进度管控课题组在初步校核并统筹平衡各专项计划的基础上，汇集成册《北京大兴国际机场建设与运筹专项进度计划(1.0版)》。

针对"一大三重"问题中"三重"带来的进度风险，北京新机场建设指挥部初次提交的三大重要交叉施工专项计划，涵盖环航站楼交叉施工，航站楼前北侧区域人防工程、市政工程(道路、东南航管道)交叉施工和开航程序批复重要相关事宜。总进度管控课题组从信息完备性、安排合理性、编制角度准确性、问题综合梳理等方面对交叉作业专项计划提出了多项修改意见。

5.2.2 环航站楼交叉施工专项计划

环航站楼交叉施工区域由勾勒航站区五个指廊的轮廓线构成，如图5.2所示。轮廓线线宽投影为从指廊外立面至满足登机桥活动端安装的飞行区服务车道和近机位站坪区域。

具体的交叉内容为：飞行区服务车道道面施工与航站楼周边施工材料运输平台及临设拆除的交叉，飞行区近机位道面施工与登机桥附近临时设施拆除的交叉，飞行区站坪施工与登机桥活动端安装的交叉，飞机空调设备安装与航站区作业面的交叉，登

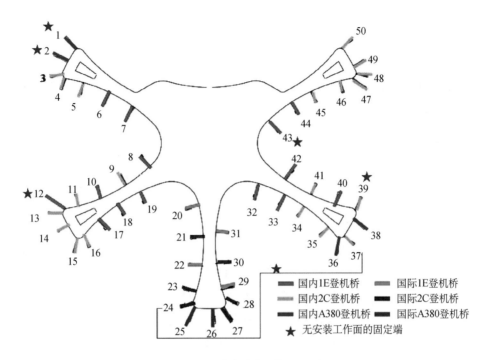

图5.2 环航站楼交叉施工平面图

机桥固定端头电器间土建施工与设备安装的交叉,飞行区服务车道道面施工与航油监控施工的交叉。

2019年2月,总进度管控课题组发现航站楼周围一圈服务车道、登机桥、油井、大临占地等交叉施工尚未协调一致。受此影响,登机桥活动端安装将会滞后,临时设施清退、油井安装等其他工作也无法给出精确的完成时间。为研究梳理航站楼周围相关工程交叉施工问题,投运总指挥部要求北京新机场建设指挥部编制专项计划。

2019年2月25日,民航领导小组、投运总指挥部召开第二次"北京大兴国际机场总进度综合管控工作问题分析会"。会上,总进度管控课题组就北京新机场建设指挥部相关专项计划进行点评,提出各专项计划的修改建议。

总进度管控课题组指出,北京新机场建设指挥部编制的环航站楼交叉施工专项计划较为完善,描述具体交叉的标段和施工现状,对交叉施工的部署做了更细入的安排和全面的计划。内容形式层次和逻辑较为清晰,以工程概况、施工总体部署、施工交叉界面及时间计划为三大部分组织内容,并且不再局限于表格,增加了平面图介绍。但是由于交叉施工专项进度计划具有标段项目多、交叉界面广、编制难度大的特点,且编制时间较为紧张,初次提交的专项进度计划尚需完善,总进度管控课题组对计划进行了审核分析,提出以下修改建议:

（1）专项计划所涉及的单位除北京新机场建设指挥部外，还包括北京城建、航油等外部单位，需要提供各相关单位对该专项计划时间节点认同的证明或说明材料。

（2）专项计划需补充飞行区服务车道道面施工与航油监控施工交叉计划。例如，在梳理出的6项交叉内容里，前5项均编制了较为详细的施工进度计划，但未见第6项"飞行区服务车道道面施工与航油监控施工交叉工作"的详细施工进度计划，需对该项工作进行补充。

（3）专项计划建议以图形方式展示航站楼周围各界面的移交过程。建议参考交叉施工专项进度计划模板，以图形的方式展示各单位施工区域，以及各类界面的移交时间。

（4）专项计划沟通机制待加强。

在听取意见后，北京新机场建设指挥部立即修改专项计划，补充了外部单位对专项计划时间节点认同的说明材料和飞行区服务车道道面施工与航油监控施工交叉工作计划，并增加了航站楼周围各界面移交过程的图示，更清晰地展示交叉施工区域和各界面的移交时间，修改后的部分交叉施工专项计划如表5.1所示。

2019年3月13日，投运总指挥部办公室收到北京新机场建设指挥部修改后的《建设与运筹三大重要交叉施工专项进度计划及37个关键节点调整说明表》，总进度管控课题组认真研究分析，并于3月17日再次向北京新机场建设指挥部反馈修改意见。

通过不断完善修改，建设与运筹三大重要交叉施工专项进度计划的操作性和实施性有了显著提高。根据修改后的交叉施工专项计划，总进度管控课题组从3月份起每月增加一次月中巡查，将航站楼周围交叉施工区域作为巡查的重点区域，结合工程现场进度情况，不断梳理各单位之间的界面节点，与相关单位深入交流未来施工计划，并提出优化措施和改进建议。针对专项计划和计划执行中的问题，不断提醒相关单位要高度关注。

航站楼周围交叉施工按原施工进度预计2019年6月完成，通过管控实际于2019年5月完成。同时投运总指挥部随后把改进后的专项计划纳入总进度综合管控体系中，取得了良好的效果。

5.2.3　航站楼前北侧区域人防、市政工程交叉施工专项计划

航站楼前北侧区域人防工程、市政工程交叉施工专项计划位于航站楼北侧中轴绿化带及两侧区域，北至次干二路（不含）、南至支一路（含）、西至主干二路（不含）、东至主干三路（不含），如图5.3所示。

表 5.1 环航站楼交叉施工进度计划（部分）

序号	交叉内容	交叉单位 1：航站区工程部					交叉界面	交叉单位 2：飞行区工程部			
		工作部位	序号	作业名称	开始时间	完成时间	界面工作及时间	序号	作业名称	开始时间	完成时间
1	飞行区服务车道道面施工与航站楼周边施工与材料运输平台及临设拆除	环航站楼周边排水沟外侧	1	拆除东港湾砂浆罐、上料口及上料运输平台、43号桥北京城建临设项目部		2019.3.31	3 月 31 日移交飞行区作业面	1	服务车道外侧道面施工	2019.4.1	2019.4.30
			2	拆除其他临时设施		2019.3.10	3 月 10 日移交飞行区作业面	2	服务车道外侧道面施工	2019.3.11	2019.4.11
								3	航油监控同步施工	2019.3.11	2019.4.30
		环航站楼周边排水沟内侧	1	移除临时材料、土方回填到位		2019.4.30	陆续移交、4 月 30 日完成全部作业面移交	1	服务车道内侧道面施工	2019.5.1	2019.5.31
2	飞行区近机位道面施工与登机桥附近临时设施拆除	2 号、39 号和 50 号登机桥	1	航站区工程部拆除 39 和 50 号登机桥附近临时消防水井		2019.3.31	3 月 31 日移交飞行区作业面（3 月 31 日完成航站楼供水）	1	水泥道面施工	2019.3.5	2019.4.30
			2	航站区工程部拆除 2 号登机桥附近临时设置供电电杆和高压线灯杆	2019.3.5	2019.4.10	4 月 10 日移交飞行区作业面	2	航油加油栓井同步施工	2019.3.5	2019.4.30

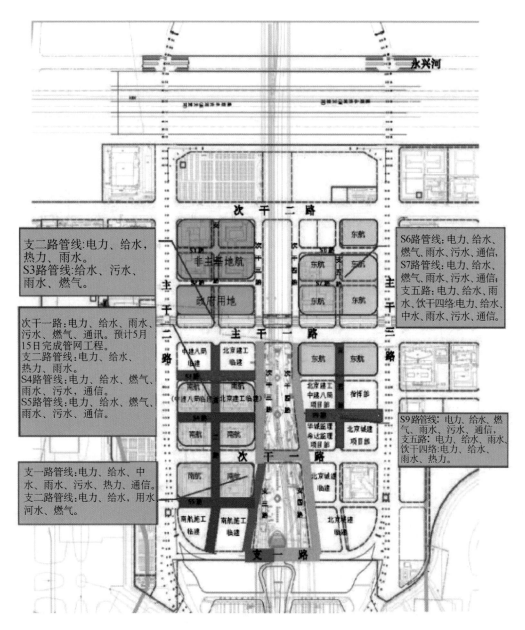

图5.3　航站楼前北侧区域人防工程与市政工程交叉施工平面图

航站楼北侧受地下廊涿城际、大兴机场线、京雄铁路进度影响,导致其人防工程进度延后,全面开工时间推迟至2018年12月。航站楼北人防工程完成后才能开展横跨人防的道路工程及相关管线敷设,而这些管线又直接服务于东航南航等地块。人防工程进度是市政管线敷设进度的前置条件,如果不能按时完成,对后面的工程完成会产生较大影响。

市政工程涉及单位众多,安排的时间极其紧密,第一版的专项计划仍存在需要进一步修正的问题。在 2 月 25 日召开的第二次"北京大兴国际机场总进度综合管控工作问题分析会"上,总进度管控课题组对该专项计划整合梳理,指出其中存在的问题,并提出以下修改建议。

(1)专项计划所涉及的单位,除北京新机场建设指挥部外,还包括东航、南航等外部单位,需提供各相关单位对该专项计划时间节点认同的证明材料,需得到两家航空公司的认可。

(2)专项计划可能影响到全场的联调联试。虽然该专项计划排出了各单位移交场地的时间,管线工程和道路工程的计划开工、完工时间等,但整体安排有所延后。东航、南航在航站楼北侧需要电力电缆和通信光缆穿线条件的时间节点有可能影响全场启动联调联试。

(3)专项计划未对影响"6·30 竣工,9·30 前投运"节点的工作给出说明。市政道路工程与人防工程交叉作业计划里,部分市政道路及管线工程要到 10 月 30 日甚至 11 月 30 日完成,与京霸铁路工程交叉作业区的市政道路及管线工程要到 8 月 30 日才能完成,需要对是否影响开航工作进一步说明。

(4)专项计划需统筹考虑"开航环境"内容。专项计划里有不少工作标注"周边地块本期无建设内容"等,虽然开航可能不受这些工作影响,但对开航环境可能造成较大影响。建议编制明确的开航环境提升计划,确定绿化标准等,并以此约束各项工作的开展程度。

(5)专项计划缺少与航站楼前北侧交叉施工相对应的沟通机制。

如表 5.2 所示,修改后的交叉施工专项计划工作内容和时间安排合理清晰,各单位能够严格按计划时间提供工作面,从而确保重要供应节点按期完成。修改后的专项计划减少了项目间的矛盾冲突,通过设立共用施工通道,为临近施工方提供便利。随着"开航形象"的明确和绿化标准的制订,市政条件逐步完善,从而保证市政管网、地块建筑物同步建设。沟通问责机制严密完整,能够保证参建各方严格执行已确定的场地移交时间和工期计划,共同推进交叉施工区域的建设进程。

2019 年 2 月将航站楼北相关单位市政接入需求与供给不平衡问题列入"一大三重"问题后,总进度管控课题组在每月月中巡查和月末巡查都将航站楼北侧作为重点巡查区域,持续将航站楼北相关单位市政接入需求与供给不平衡问题提醒各单位高度关注,并于投运总指挥部联席会上汇报最新进展情况。

实施单位在总进度管控课题组的指导下严格执行修改后的人防、市政工程交叉施工专项计划,该工程按原施工进度预计 8 月底才能完成,通过管控实际于 2019 年 6 月中旬已经基本封顶,比计划时间提前了近 2 个月。

表 5.2　航站楼前北侧区域人防工程、市政工程(道路、东南航管道)交叉施工进度计划(部分)

交叉工作内容	工作部位	机场建设指挥部航站区工程部				交叉界面	机场建设指挥部配套工程部				备注
		序号	作业名称	开始时间	完成时间	界面工作及时间	序号	作业名称	开始时间	完成时间	
市政道路与人防工程交叉作业(市政四标)	次干三路	1	清退场地			2019年6月30日,移交场地	1	市政道路及管线工程	2019.7.1	2019.10.30	
		2					1.1	管线工程	2019.7.1	2019.9.20	
		3					1.2	道路工程	2019.9.21	2019.10.30	
	支四路	1	清退场地			2019年7月30日,移交场地	1	市政道路及管线工程	2019.8.1	2019.11.30	
		2					1.1	管线工程	2019.8.1	2019.10.15	
		3					1.2	道路工程	2019.10.16	2019.11.30	
	次干四路	1	清退场地			2019年6月30日,移交场地	1	市政道路及管线工程	2019.6.30	2019.10.30	
		2					1.1	管线工程	2019.6.30	2019.9.20	
		3					1.2	道路工程	2019.9.21	2019.10.30	
	次干一路(中段)	1	清退场地			2019年7月30日,移交场地	1	市政道路及管线工程	2019.7.30	2019.11.30	
		2					1.1	管线工程	2019.7.30	2019.10.30	
		3					1.2	道路工程	2019.10.31	2019.11.30	
	支一路(中段)	1	清退场地			2019年3月7日,移交场地	1	市政道路及管线工程	2019.3.7	2019.6.30	
		2					1.1	管线工程	2019.3.7	2019.5.25	
		3					1.2	道路工程	2019.5.26	2019.6.30	

5.2.4　开航程序批复重要事项专项计划

2019 年 2 月，总进度管控课题组指出，航行公告生效前包括大量的前置工作，取得机场飞行程序、机场使用细则的批准文件需要延后至 5 月，可能影响到试飞、行业验收、机场使用许可证、航行公告生效等开航手续按计划办理。针对"一大三重"中航行公告生效前置流程，北京新机场建设指挥部编制了开航程序批复重要事项专项计划。

开航程序批复重要事项专项计划是针对大兴机场试飞工作、航线划设、空域调整等问题编制的交叉专项进度计划，该计划涉及大兴机场多个工作部门，包括规划设计部、飞行区管理部、运行指挥中心、航站区工程部、规划发展部等，并需要对接土地管理部门、民航局、华北管理局、北京市口岸办等 7 家上级审批单位。开航专项计划由北京新机场建设指挥部、大兴机场管理中心编制，最终由总进度综合管控课题组汇总完成。

如表 5.3 所示，开航专项计划规定正式办理建设用地手续工作应在 2019 年 3 月底前完成，试飞的飞行程序批复工作应在 2019 年 4 月底前完成，试飞工作、空域调整、航路航线划设调整和开放等批复文件应在 2019 年 5 月底前完成，2019 年 9 月 20 日前应获取《机场使用手册》和《机场使用许可证》批复，2019 年 10 月 10 日航行资料正式生效。

2019 年 3 月 3 日，收到《建设与运筹三大重要交叉施工专项进度计划及 37 个关键节点调整说明表》后，总进度管控课题组对专项计划进行了汇总、分析、摸排、点评，并提出以下修改意见：

（1）专项计划需补充交叉施工其他单位的认可材料或认可说明。该专项计划的顺利实施需要土地管理部门、民航局、华北管理局、北京市口岸办等多家单位的支持，确保各类文件能够按照节点如期批复，各项工作能按期完成。

（2）航行情报从上报到生效时间问题。航行公告生效前有大量前置工作，包括：飞行程序和机场使用细则批准、试飞、行业验收等。2019 年 2 月 26 日，民航局领导巡查工地现场的专题会上也就此问题与民航局相关司、北京新机场建设指挥部进行了讨论，发现航行资料上报事宜仍需多部门进一步协调，要求拿出一个交叉搭接的切实可行的专项计划。

（3）用地手续办理需要进一步分析风险。在《北京大兴国际机场开航程序批复重要事项专项计划》里该项工作计划完成时间为 2019 年 3 月，而且作为第 1 个节点。但根据当时反馈，用地手续在 3 月份办理完成的可能性较低，需要进一步分析明确，并及时研究临时措施或者替代方案。

根据修改后开航程序批复重要事项专项计划，总进度管控课题组于 2019 年 3—5 月的管控月报中均在首页风险提示和附上的风险清单中反映"一大三重"问题的最新进展，持续将航行公告生效前置流程提醒各单位高度关注。按原进度预计 8 月底才能

表5.3　开航程序批复重要事项专项计划

时间轴	序号	重要事项	批复单位	主责单位	大兴机场对接部门	结束时间
2019.3	1	正式办理建设用地手续	土地管理部门	北京规划和自然委员会,河北自然资源厅	规划设计部	2019.3.31
2019.4	1	完成试飞的飞行程序批复	华北管理局	规划设计部	规划设计部	2019.4.30
2019.5	1	完成试飞工作		飞行区管理部	飞行区管理部	2019.5.20
	2	获取《机场使用细则》批准文件	华北管理局	飞行区管理部	规划设计部	2019.5.30
	3	获取《大兴机场飞行程序》《进离场航线》批准文件	华北管理局	规划设计部	规划设计部	2019.5.30
	4	获取《空域调整》批复文件	空管委	华北空管局	运行指挥中心	2019.5.30
	5	获取《航路航线规划设计调整和开放》批复文件	华北管理局	华北空管局	规划设计部运行指挥中心	2019.5.30
	6	获取《北京首都机场飞行程序和进离场航线调整》批复文件	华北管理局	首都机场集团有限公司	规划设计部	2019.5.30
	7	获取《天津机场飞行程序和进离场航线调整》批复文件	华北管理局	天津滨海国际机场有限公司	规划设计部	2019.5.30
	8	《北京大兴国际机场和首都机场以及天津机场的班机航线调整》	华北管理局	华北空管局	运行指挥中心规划设计部	2019.5.30
2019.6	1	新建空管导航台投产开放和通信频率的批复	民航局空管办	华北空管局	运行指挥中心	2019.6.27
	2	新建大兴机场机坪管制通信频率的批复	民航局空管办	运行指挥中心	运行指挥中心	2019.6.27
	3	因空域调整导致其他周边机场进离场航线变化的批复	各地区管理局	各地区空管局	运行指挥中心	2019.6.27
	4	获取局方行业验收正式意见	民航局	规划设计部	规划设计部	2019.6.27
	5	因空域调整导致的班机航线相应调整的批复	各地区管理局	各地区空管局	运行指挥中心	2019.6.27
	6	获取《北京大兴国际机场低能见度运行程序》批准文件	民航局	运行指挥中心	运行指挥中心	2019.6.27

完成的航行公告生效前置流程问题，通过上述一系列管控过程，于 2019 年 5 月基本梳理清晰。飞行程序于 2019 年 5 月 29 日正式获得批复。

点评工作在完善建设与运筹三大重要交叉施工专项进度计划中发挥了重要作用。首先，点评工作指出了专项计划中存在的问题，例如：需补充其他专项计划（设备纵向投运计划、特殊专项计划、验收专项计划）、需补充部分关键内容（飞行区服务车道道面施工与航油监控详细施工交叉计划等），关键线路及时间节点可能未协调平衡，协调沟通与问责机制进一步加强。其次，点评意见提高了专项进度计划的合理性、实施性和操作性，并且新版的交叉施工进度计划增加了工程概况、工程目标和施工总体部署的说明，使进度计划更加完善，并细化了交叉作业的时间节点；最后，在总进度管控课题组的建议下，针对音视频和商铺等细部交叉区域，新版的交叉施工进度计划增加了航站楼弱电机房土建施工与设备安装交叉施工进度计划、音视频系统集成项目土建施工与设备安装交叉施工进度计划、商业店面精装修与航站楼装修交叉施工进度计划，有效消除了交界面之间交叉施工可能存在的隐患。

5.3 设备投运专项计划

为实现"6·30竣工，9·30前投运"总进度目标，遵照民航局要求，北京新机场建设指挥部、东航建设指挥部和南航建设指挥部等单位均编制了设备纵向投运计划。其中，北京新机场建设指挥部编制的设备纵向投运计划覆盖区域最广、涉及内容最多、系统设备构成最复杂。

5.3.1 北京新机场建设指挥部设备纵向投运计划

投运总指挥部办公室于 3 月 20 日收到北京新机场建设指挥部修改后的《设备纵向及验收专项计划》。总进度管控课题组研究分析后，于 3 月 21 日反馈修改建议。

北京新机场建设指挥部设备纵向投运计划按构成要素可分为：飞行区设备安装调试培训计划，航站楼设备安装调试培训计划，停车楼、综合服务楼设备安装调试培训计划和工作区场站设备安装调试培训计划。如表 5.4 所示，设备纵向投运计划的主要内容包括：设备系统概况、供应商、到货时间、安装单位、安装完成时间、调试完成时间、接管单位与联系人、厂家培训开始和结束时间。每一个系统按照区域被划分为不同的子系统，而每个子系统又是由多组设备构成。以航站楼电梯系统为例，核心区的电梯系统包括电梯及监控系统、步道梯及监控系统、扶梯及监控系统，指廊区的电梯包括扶梯、直梯、观光梯和自动人行道，仅核心区的电梯及监控设备就需要 94 部。面对如此复杂的系统，北京新机场建设指挥部要在一周之内完成安装和调试，这就需要一份周密、严谨、强操作性和实施性的设备纵向投运计划支持。为此，总进度管控课题组认真

表 5.4 北京新机场建设指挥部设备纵向投运计划(部分)

设备/系统名称	区域	设备/系统组成	设备/系统概况	安装单位	安装完成时间	调试完成时间	接管单位与联系人	厂家培训 开始时间	厂家培训 结束时间	备注
电梯	核心区	电梯及监控系统	94部	—	2019.3.31	2019.4.5	航站楼管理部	2019.4.15	2019.5.1	2月份开始调试,与项目验收同步进行,运营单位参与
	核心区	步道梯及监控系统	12部	—	2019.3.25	2019.3.31		2019.4.20	2019.5.10	
	核心区	扶梯及监控系统	116部	—	2019.3.25	2019.3.31		2019.4.25	2019.5.20	
	指廊	扶梯	26部		2919.3.15	2019.3.31		2019.4.10	2019.6.1	
	指廊	直梯	29部		已完成	2019.3.31		2019.4.10	2019.6.1	
	指廊	观光梯	10部		2019.3.25	2019.3.31		2019.4.10	2019.6.1	
	指廊	自动人行道	40部		已完成	2019.3.31		2019.4.10	2019.6.1	
楼宇自控	核心区	建筑设备监控系统	传感器725支,控制器684台	—	2019.3.31	2019.4.30		2019.6.1	2019.6.30	
	指廊	建筑设备监控系统	传感器324支,控制器470台		2019.4.1	2019.4.30		2019.6.1	2019.6.30	
	核心区	电力监控系统	通讯管理机119台,模拟屏1台		2019.3.31	2019.4.30	航站楼管理部	2019.5.15	2019.5.30	
	指廊	电力监控系统	通讯管理机79台,模拟屏4台		2019.4.1	2019.4.30		2019.5.15	2019.5.30	
	核心区	智能照明系统	照明模块3 000套,人体感应器1 053套		2019.3.31	2019.4.30		2019.5.1	2019.5.15	
	指廊	智能照明系统	照明模块1 869套,人体感应器926套		2019.4.1	2019.4.30		2019.5.1	2019.5.15	

审核了设备纵向投运计划,提出了以下修改建议:

(1)飞行区设备安装及调试计划较为详尽,涵盖了管廊排水、下穿道相关工程、热力管网通风系统、助航灯光、机坪照明、围界安防等较多项目。但计划未对突破节点要求的工作给出进一步说明。例如:管控计划节点"完成助航灯光工程、机坪照明及机务用电工程的设备系统安装及调试"计划完成时间为 2019 年 3 月,而专项计划里,助航灯光工程、机坪照明及机务用电工程完成安装和调试的时间为 2019 年 6 月,延后 3 个月,可能会影响相关工作验收,需要对该项工作延后产生的影响进一步说明。同时该计划拟定的部分设备调试、培训时间太晚,可能蕴含较大风险,需研究梳理,重点关注。

(2)航站楼设备安装调试培训计划按照航站区工程部、弱电信息部、机电设备部划分,三部分内容都较为详尽,基本明确了各项工作的安装及接管单位,责任划分清晰。但消防系统培训安排在 8 月 1 日,开始时间较迟,且需在一天内完成,时间紧张。可考虑提前进行消防系统厂家培训工作并适当延长培训时间,规避风险。

(3)停车楼、综合服务楼设备安装调试培训计划涵盖应急电源系统、变配电系统、给排水系统、消防系统、空调系统、弱电系统,但是专项计划中仅仅明确了接收单位负责人,仍需要进一步补充。

(4)工作区场站设备安装调试培训计划,该专项计划是把第一版污水处理厂工程、给水站工程、燃气调压站工程和相应开闭站的专项计划合并编制并进行细化。但是各个过程的计划仍需要进一步分解,确保工作的可执行性。

(5)需补充部分特殊专项计划,例如商业店面装修专项计划、投运专项计划(人员招聘、培训考核、设备设施到位、资源配置到位、应急机制等)、应急消防演练专项计划等。表格中部分设备的供应商、到货时间、安装单位、安装时间、调试时间、培训时间等内容未完全确定。

修改后的设备纵向专项计划为总进度管控课题组后续的管控工作提供了参考。以登机桥活动端安装为例,受施工作业面影响,站坪道面施工进展比管控计划预计要慢,从而影响了登机桥活动端安装工作,直至 2018 年 11 月才开始安装登机桥的活动端。如表 5.5 所示,后续以飞行区设备安装调试培训计划为管控标准,通过积极调整和优化施工计划,加大人力物力投入,现场具备施工条件的登机桥工作面于 2019 年 4 月已全部安装完成,只剩余少量安装工作。登机桥活动端的安装工作提前一个月顺利完成。

5.3.2 东航安装调试培训专项计划

2019 年 2 月 25 日,东航指挥部初次提交东航安装调试培训专项计划,需按照总进度综合管控节点要求进一步细化。

2019 年 3 月 6 日,投运总指挥部办公室收到东航修改后的安装调试培训专项计划,如表 5.6 所示,总进度管控课题组于当日向东航反馈修改意见。3 月 19 日,总进度

表 5.5　飞行区设备安装调试培训计划

设备/系统名称	设备/系统组成	设备/系统概况	供应商/生产商	到货时间	安装单位	安装完成时间	调试完成时间	接管单位与联系人	厂家培训		备注
									开始时间	结束时间	
机场专用设备	旅客登机桥	登机桥活动端 104 条	—	2019.1（陆续到货）	—	2019.5	2019.8	飞行区管理人员	2019.6.1	2019.6.30	
	400 Hz 静变电源	电源机组 132 台	—	2019.4	—	2019.5	2019.6		2019.6.1	2019.6.30	
	飞机地面空调	低温制冷机组（单机制冷量 760 kW 15 台、840 kW 的制冷机组 6 台，共 21 台）高压新风机组（包括单台额定风量为 5 500 m³/h 58 台，11 000 m³/h 的新风机组 27 台，共 85 台）	—	2019.3—2019.5	—	2019.6	2019.8		2019.7	2019.8	
安检设备（飞行区）（北京大兴国际机场安检与货设备供货与安装项目）	人身行李双视角 X 线机，商品货物 X 线双视角式金属探测门，通过式金属探测器，手持式爆炸物品探测器，液体探测罐，车底扫描设备	人身行李双视角 X 线机 14 台，商品货物 X 线双视角安检机 4 台，通过式金属探测门 18 台，手持式金属探测器 54 台	—	2019.4.5	—	2019.5.31	2019.6.30	飞行区管理人员	2019.4.15	2019.6.30	安检设备资产归属部门待确认
		爆炸物品探测仪 4 台，液体探测器 4 台，封闭式防爆罐 4 台	—	2019.5.15	—	2019.5.31	2019.6.30		2019.5.15	2019.6.30	

表 5.6 东航核心工作区一期工程安装调试培训计划表（部分）

设备/系统名称	设备/系统组成	设备/系统概况	供应商/生产商	到货时间	安装单位	安装完成时间	调试完成时间	接管单位	培训时间	
									设计培训	操作培训
电梯	电梯/自动扶梯/自动人行道	电梯 27 台	—	2018.10	—	2019.3.25	2019.4.30		2019.5.10	2019.6.25
	柴油发电机	柴油发动机 3 台，1 800 kW。安装于柴油发电机房	—	2019.3	—	2019.4.30	20194.30		2019.5.10	2019.6.25
应急电源系统	EPS(应急电源装置)	110 台 EPS	—	2019.4.30	—	2019.5.10	2019.5.30	后勤部	2019.6.15	2019.6.25
	电能管理系统	多用户电表 326 台，多功能电表 129 台，超声波表计 3 台 DN150，4 台 DN400，3 台 DN250，1 台 DN300，4 台 DN400，热水表 16 台，冷水表 32 台。软件一套	—	2019.4.30	—	2019.5.10	2019.6.25		2019.6.15	2019.6.25
变配电系统	10 kV 干式变压器、10 kV 开关柜、辅助屏（直流屏/计量屏等）、低压开关柜、10 kV 电缆	变配电相关设备	—	2019.3	—	2019.4.30			2019.5.10	2019.6.25

综合管控课题组到东航进行专项计划的辅导和讨论。

3月29日,投运总指挥部办公室收到东航基于第一次点评意见修改后的安装调试培训专项计划,总进度管控课题组研究分析了东航提供的各专项计划,并于4月7日向东航反馈第二次修改意见。

5.3.3 空管安装调试培训专项计划

2019年2月25日,总进度管控课题组收到空管指挥部初次提交的安装调试培训计划。空管工程安装调试培训计划包括:导航工程、大兴机场西塔台工程、北京终端区管制中心工程、雷达工程、气象工程、通信工程。空管工程装配的设备复杂且精密,安装难度大,所以对安装调试培训专项计划可实施性和时间节点的准确性要求较高。总进度管控课题组对此提出了相应意见。

2019年3月21日,投运总指挥部收到空管修改后的安装调试培训计划。总进度管控课题组研究分析空管提供的专项计划,并于3月28日向空管反馈修改意见。

2019年4月10日,投运总指挥部收到空管修改后的安装调试培训计划、建设情况说明、过渡保障工程实施任务分解以及其他补充说明文件。

综上,设备投运计划涉及总包单位、安装单位、接管单位等多个主体,每一个设备的到货、进场、安装、调试和专业人员培训过程都需要主体之间相互配合,尤其需要把控对接的时间点,因此编制难度较大。设备纵向投运计划包含到货时间、安装完成时间和培训操作时间等关键节点,在各单位最初提交的计划中,常常出现计划和总进度综合管控节点时间不一致的情况,这就需要将每一个计划中的时间节点和管控计划对比,找到存在冲突的时间节点并进行调整修改。

5.4 验收专项计划

专项验收是在整体竣工验收前由多家单位进行的验收活动。大兴机场的专项验收工作主要包括:规划验收、房屋测绘、消防验收、特种设备验收、人防验收、城建档案预验收、档案行政主管部门验收和竣工验收。其中每个工程涉及的验收单位也不同,以航站区工程验收计划为例,验收的监督部门包括北京市住建委、市规划自然委、市质检局、市民防局、市档案局、大兴区消防局、国管局人防办、市规划委等多个单位。专项验收具有检验项目多、涉及单位广、验收顺序严格的特点,如果没有完整详细的专项计划作为支撑,很有可能最终无法按时完成验收,从而造成总进度目标延误。为确保验收专项计划的实施性和操作性,总进度管控课题组从编制角度准确性、安排合理性、信息完备性等方面对验收专项计划提出了多项修改意见。

5.4.1　北京新机场建设指挥部验收专项计划

2019年3月20日,投运总指挥部办公室收到修改后的《设备纵向及验收专项计划》。北京新机场建设指挥部验收专项计划分为800亿元以内及新增项目竣工验收计划和其他验收计划,如表5.7所示。每个验收专项计划各有差异,但主要内容都包含:主要建设规模及内容、总建筑规模、综合管控竣工时间、竣工验收时间、验收事项、验收监督部门、主责部门和协办部门。总进度管控课题组研究审核北京新机场建设指挥部编制的《设备纵向及验收专项计划》后,于3月21日反馈了相关意见。

北京新机场建设指挥部结合多方单位的力量,加快施工进度。总进度管控课题组参照修改后的竣工验收专项计划,监督其进展并不断梳理和反映问题,最终顺利于6月30日完成实体竣工验收,从而顺利实现了"6·30竣工"的总进度目标要求。

5.4.2　民航各单位验收专项计划

总进度管控课题组对东航、南航、空管和航油单位的验收专项计划进行了审核、梳理和分析,并提出修改意见。

1）东航建设指挥部

2019年2月25日,东航指挥部初次提交验收专项计划,3月6日和3月29日分别提交了两次修改后的验收专项计划,总进度管控课题组于4月7日反馈第二次修改意见。

2）南航建设指挥部

2019年3月29日,总进度管控课题组收到南航修改后的验收计划、南航第4标段项目管控计划、第5标段项目管控计划和两舱施工计划,总进度管控课题组于4月7日反馈修改意见。

3）空管建设指挥部

2019年2月25日,收到空管指挥部初次提交的验收专项计划。空管建设指挥部提交的验收专项计划涵盖西塔台工程、气象综合探测场、北京终端管制中心工程、空管核心工作区工程、东塔台工程、一二次雷达站和气象雷达站项目。2019年3月21日,投运总指挥部收到空管修改后的安验收计划以及管制情报工作组专项计划。总进度管控课题组于3月28日向空管反馈了修改意见。

4）航油建设指挥部

航油建设指挥部提交的验收专项计划涵盖津京第二输油管道、场内供油工程、地面加油设施三大项目。2019年2月25日,投运总指挥部收到航油建设指挥部修改后的验收专项计划。总进度管控课题组研究分析航油提供的验收专项计划后,于3月19日向航油建设指挥部反馈了修改意见。

表 5.7　北京大兴国际机场竣工验收计划表（部分）

序号		名称	主要建设规模及内容	总建筑规模（m²）	建设地点	综合管控计划竣工时间	预验收时间	实际竣工验收时间	验收事项	验收办理部门	主责部门	协办部门
1	航站区工程	旅客航站楼工程	旅客航站楼及综合换乘中心一体化设计，总建筑面积78万m²（旅客航站楼70万m²，综合换乘中心8万m²）	780 000		2019年6月	2019年5月底	2019年6月	(1) 规划验收；(2) 房屋测绘；(3) 消防验收；(4) 特种设备验收；(5) 人防验收；(6) 城建档案预验收；(7) 档案行政主管部门验收；(8) 竣工验收	北京市住建委 市规划自然委 市质检局 市民防局 大兴区消防局 国管局人防办 市档案局	航站区工程部	规划设计部 行政办公室
2		停车楼工程	停车楼位于航站楼北侧，建筑规模为251 079 m²，地上三层，地下一层	251 079	跨地域	2019年6月	2019年6月初	2019年6月			航站区工程部	规划设计部 行政办公室
3		制冷站工程	东、西制冷站分别位于停车楼内地下一、二层两侧，建筑规模为17 305 m²	17 305		2019年6月	2019年6月初	2019年6月			航站区工程部	规划设计部 行政办公室
4		新机场核心区地下人防工程	新机场核心区位于中央景观轴下方，总建筑面积183 390 m²	183 390		2019年7月	2019年7月初	2019年7月			航站区工程部	规划设计部 行政办公室
5	市政工程	市政交通工程	红线内高架桥工程		跨地域	2019年3月	2019年2月底	2019年6月	(1) 城建档案预验收；(2) 档案行政部门验；(3) 竣工验收	北京市住建委 市档案局	配套工程部	行政办公室

工程验收是工程项目建设周期的最后一道工序，是项目管理的重要内容和工作，也是我国建设项目的一项基本法律制度。专项验收作为工程竣工验收的重要组成部分，是全面检查工程项目是否符合设计文件要求和工程质量是否符合验收标准，能否交付使用、投产，发挥投资效益的重要环节。完整、全面、合理的验收专项计划是专项验收顺利进行的重要保证，也是后续运营筹备阶段的基本保障。

5.5 小结

大兴机场专项计划的创新点是专项计划编制工作和点评工作的结合。在过去很多项目中，相关单位也编制了专项进度计划，但是由于缺少专业进度管控组的点评修改，计划实施效果一般，并未能发挥专项进度计划的指导和参考作用。大兴机场的专项进度计划分别由北京新机场建设指挥部、东航、南航、空管和航油等指挥部编制，在此基础上，总进度管控课题组基于时间一致性、信息完备性、安排合理性、编制角度准确性、问题综合梳理等多个方面的标准对专项计划进行了深入分析，使各单位专项计划实施性和操作性更强，在后续的一系列管控过程中发挥重要作用，保证总进度目标的实现。

第6章
北京大兴国际机场总进度综合管控过程

在完成对《综合管控计划》的编制后,大兴机场即开展实施过程中的综合管控工作。

在总进度综合管控实施过程中,会受到各种因素的影响,各类主客观环境和条件的变化是绝对的,因此必须对总进度计划执行过程进行控制,及时发现问题、暴露矛盾,掌握实际进度情况,必要时对总进度计划做出科学合理的调整,并以调整后的总进度计划为指引,指导后续总进度综合管控工作。

大兴机场总进度综合管控计划执行过程的综合管控,核心是识别和化解建设与运筹实施过程中存在的种种问题与风险。总进度综合管控是一个多层级多目标的系统工程,其工期进度不仅要满足工程项目管理铁三角,考虑工程本身的技术难点与自然条件,同时要考虑到总进度目标必须实现的刚性要求,大兴机场的整个进度管控工作具有极大的复杂性与挑战性。

大兴机场总进度综合管控工作是一项刚柔并济的系统工程,刚性体现在必须要在2019年6月30日实现大兴机场及其配套工程的竣工验收、9月30日前完成投运总进度目标;柔性体现在通过进度管控工作随时掌握进度管控的实时情况及时采取措施,提出更科学、更符合实际的工程进度管控方案,保证总进度目标的实现。

在2018年5月至2019年9月共16个月的时间内,大兴机场建立了一套完善的管控体系,以总进度综合管控计划为指导,以联合巡查等为手段,期间总进度管控课题组与各单位管控专员共进行了8次月度联合巡查和7次月中巡查,出具了14份总进度综合管控月度报告及多份专项报告,发现进度风险159条。事实证明,总进度综合管控工作是卓有成效的,整体工作的完成时间在原来基础上平均提前了1.7个月,"6·30竣工,9·30前投运"的目标得以圆满实现。

6.1 总进度综合管控理念与意义

大兴机场总进度综合管控工作以目标跟踪为主,贯穿机场工程实施的全过程。目标跟踪是指在机场工程总进度综合管控计划的执行过程中,通过跟踪项目的实施进展,及时比较进度计划值与实际值,对出现的进度偏差采取措施并进行纠偏,使总进度目标最终得以实现。

项目管理的哲学思想是:变是绝对的,不变是相对的;平衡是暂时的,不平衡是永恒的;有干扰是必然的,没有干扰是偶然的。总进度综合管控的基本原理是动态控制原理,把实施对象看成一个动态过程,分析系统内外的各种变化,掌握变化的性质、方向、趋势,采取相应的措施和手段,改进工作方法,调整规划和计划,在动态变化中求得系统整体的优化。

项目目标动态控制中的三大要素是目标计划值、目标实际值和纠偏措施。目标控制过程中最关键的一环是通过目标计划值和实际值的比较分析,发现偏差。如若产生偏差则必须分析偏差产生的原因,采取相应的控制措施,确保项目按计划正常进行。

6.1.1 总进度综合管控的理念

1) 以适时掌握项目进展真实信息为核心

总进度综合管控是以现代信息技术为手段,对机场项目实施过程中的真实进展信息进行收集、加工、分析和提供使用,用经过处理的信息流指导和控制机场建设和运筹的物质流,支持机场工程管理者进行进度的决策调度和管控。在大兴机场工程的建设与运营筹备实施过程中,进度管控工作定期或不定期进行目标跟踪和动态控制,对工程每一阶段的进度信息进行搜集,并以可视化的形式呈现出来。通过对具体工作的实施进展跟踪,比较总进度综合管控计划值与工程实际进度值,对出现的进度偏差及时采取措施进行纠偏。总进度管控信息包括本月度工程施工、运筹进度具体完成的内容、对比管控计划滞后的工作及具体内容、滞后工作预计能完成的时间等。

在大兴机场建设与运营筹备管控的实施过程中,一开始由于信息收集存在不及时、不完整、不明确的问题,没有充分体现工程进度对比总进度综合管控计划的完成度,无法真实反映完成的具体工程内容,从而无法准确显示机场工程建设推进的实际情况,导致管控工作无法针对具体问题及时采取有效的纠偏措施。

2) 以总进度综合管控信息加工分析为手段

总进度综合管控信息加工分析,是对机场工程建设与运筹实施进展信息筛选、加工、比较、分析与反馈的动态过程,通过信息分析,支持总进度综合管控决策。

总进度综合管控的核心即为信息处理,通过对进度信息的处理来反映各物质流的状态;其处理的主要工作内容包括信息收集、信息分析和信息发布,信息收集要保证信息的完整性、时效性等。对进度信息分析后要形成工作成果予以发布,提供各种有价值的进度报告,包括日报、周报、月报、年报和各类专题报告等。

由于总进度综合管控的信息多样复杂,必须要有一个信息处理平台负责总进度综合管控信息的整合,以便为大兴机场总进度综合管控工作提供明确支撑。总进度管控课题组即为负责总进度综合管控信息处理的平台,是整个总进度综合管控的信息集成中心,是综合管控的实施机构,是一个相对较为独立的组织,以此支持机场工程的管理决策层进行项目进度的决策、调度和管控。

6.1.2 总进度综合管控的重要意义

总进度综合管控的作用和意义可概括为以下三个方面:

首先,总进度综合管控过程对大兴机场的工程主体、民航配套建设工程以及外围配套工程的各个节点实际进度都进行了精确、及时的测量,采取联合巡查和访谈等形式,对获取到的信息加以复核,确保信息的准确性。进度精确测量出来的各种进度数据,用以支持各级领导和决策者对工程进度精确判断及精确调度。

其次,总进度综合管控工作即时、全面、精确地显示进度问题和进度风险,利用多种手段对建设及运营过程中的问题和风险进行定位,提出的进度问题和进度风险引起了各级领导的重视并及时采取了相关措施,保障了整体管控目标顺利实现。

最后,管控工作中的一系列报告制度保证了大兴机场建设筹备过程中问题的透明性与公开。总进度综合管控的报告制度能够将工程各方面进展情况及时准确地向民航局及投运总指挥部报告,展现全局重点,为后续的协调和决策提供基础支撑,使工程整体进展始终处于可控状态。

6.2 投运总指挥部的成立

管控初期,为更好地促进机场工程建设与运营使用的融合,顺利实现由"建设期"向"运营期"的转变,按时达成"6·30竣工,9·30前投运"的总目标,按照民航局统一部署,首都机场集团、航空公司、空管、航油、海关、边检等15家单位建立投运总指挥部。

6.2.1 投运总指挥部成立的背景

(1)民航北京新机场建设及运营筹备领导小组第二次会议

2018年8月28日,随着大兴机场总进度综合管控的推进,民航局召开北京新机场建设及运营筹备领导小组第二次会议,时任民航局局长冯正霖,民航局副局长董志毅出席会议。本次会议是一次承上启下的重要会议,具有转折点的意义。工作重点、

127

工作任务、工作环境、工作方法等已经发生了重大转变：从工作重心看，由工程建设向运营筹备转变；从工程建设看，由主体工程向配套工程转变；从协调角度看，由内部协调向外部协调转变；从系统角度看，由地面建设向空中建设转变。因此，会议指出下一阶段的总体工作要求是，以"两个时间"节点为总目标，以总进度综合管控计划为牵引，以高质量发展为标准。要牢固树立节点意识，对照"两个时间"节点和总进度综合管控计划，牢牢抓住当前施工的黄金时期，整合各方面力量，调动一切资源，全面加快、全速推进各项工作进度和工作任务。

为此，民航领导小组第二次会议宣布成立大兴机场行业验收和机场使用许可审查委员会及其执行委员会、投运总指挥部和投运协调督导组。

（2）投运总指挥部正式组建

2018年10月11日上午，投运总指挥部召开第一次全体会议，会议传达了北京新机场建设领导小组第十次会议、民航领导小组第二次会议精神，宣布投运总指挥部正式组建成立；会议审议通过了《北京大兴国际机场投运总指挥部工作方案》，明确了总体思路、组织机构、工作职责以及运行机制。

6.2.2　投运总指挥部工作机制

为深入贯彻习近平总书记对民航工作的重要指示精神，落实民航领导小组的投运工作要求，在地方政府、铁路、民航和相关单位的大力支持下，北京大兴国际机场投运总指挥部整合内外部资源，群策群力，共同编写形成《北京大兴国际机场投运总指挥部工作方案》，确定了投运总指挥部的机构与运作机制，其中投运总指挥部工作包括了联席会议机制、工作报告机制、督办机制、应急机制等，具体内容在第7章展开。

投运总指挥部将各项工作所包含的任务指派给相应的责任主体，制订相应的监督机制和奖惩机制，确保责任的履行，保障建设及运筹工作协同推进的可行性，进而推动建设运营一体化的落地。

6.2.3　投运总指挥部联席会议机制

《北京大兴国际机场投运总指挥部工作方案》第二部分投运机构及机制详细规定了投运总指挥部的架构与相关工作机制。

1）投运总指挥部联席会议组成、工作重点及召开频率

（1）总指挥部联席会

① 召开频次：不定期召开。

② 工作重点：协调解决重大问题，评审投运、转场及演练方案并协调内部组织落实。

（2）例行联席会

① 备战阶段（2019 年 6 月 30 日前）

a. 召开频次：每月召开一次例行联席会，平时由执行总指挥例行会议召集召开，可以由大兴机场建设指挥长联席会议代行例行投运联席会议。

b. 工作重点：督办并协调各单位按照综合管控计划和投运方案完成各项关键工作。

② 临战阶段（2019 年 7 月 1 日至 2019 年 9 月 9 日）

a. 召开频次：每两周召开一次例行联席会。

b. 工作重点：统筹组织协调各阶段的调试、测试和运行应急演练计划，并督促各单位按计划实施。

③ 决战阶段（2019 年 9 月 10 日起）

a. 召开频次：每周召开一次例行联席会，从投运总指挥部例行联席会议向大兴机场管理委员会会议过渡。

b. 工作重点：统筹组织开展各单位开航前各项问题的整改工作。

（3）专题联席会

① 召开频次：不定期召开。

② 工作重点：首都机场集团对接民航领导小组专项工作组召开会议，协调解决投运期间各单位需专项解决的问题及突发问题。

以上会议邀请投运协调督导组出席。投运总指挥部联席会邀请京冀两地政府新机场办等部门和单位领导参加。

2）投运总指挥部联席会议内容

投运总指挥部联席会议主要对当前工程建设及运营筹备进展情况、近期重点工作进行会商。其中，工程建设进展包括了大兴机场飞行区工程、航站区工程、配套工程及工程投资情况；大兴机场运营筹备进展情况包括大兴机场的跨地域运营管理问题、《机场使用手册》《航空安全保卫方案》《应急救援手册》等编写的相关工作等。

2019 年 1 月 28 日，投运总指挥部召开第二次联席会议，时任民航局机场司司长刘春晨出席了会议。由首都机场集团汇报了大兴机场投运工作进展情况、投运总指挥部工作机制。

（1）投运工作进展情况

① 持续完善投运总指挥部工作机制，包括遵照民航会议精神，对接分解各项任务，明确责任单位、结合当前投运工作推进情况研究完善投运总指挥部工作机制等；②发挥投运总指挥部统筹协调效能，包括圆满完成重大保障任务、圆满完成现场调研任务、召开大兴机场投运相关工作专题会及投运总指挥部例行联席会、组织协调完成智能安检通道第一批设备安装工作等重大事项；③夯实大兴机场廉洁工程保障基

础;④下一步工作建议,包括各单位各项建设和投运方案与总管控计划相融合,积极配合对接管控巡查督导工作,对滞后工作及时制订整改计划并采取纠偏措施、积极推进解决建设、验收、投运准备活动中需要地方解决的事项。

(2)投运总指挥部工作机制

① 强化投运总指挥部组织领导:从 2019 年 1 月开始,原则上每月召开一次投运总指挥部联席会并与首都机场集团大兴机场工作委员会同日安排,地点在大兴机场。从 4—9 月,首都机场集团相关领导加入大兴机场 6 日工作制,每周日在大兴机场现场办公,通过召开投运总指挥部联席会或首都机场集团投运工作专题会议,推动协调相关重大事项。在周日办公基础上,首都机场集团相关领导逐步增加每周现场办公频次,4—6 月增加至 2 个现场工作日,7—9 月增加至 3 个现场工作日,9 月原则上大部分时间都安排现场办公。首都机场集团各对接工作组组长,针对投运总指挥部例行联席会讨论梳理出的投运关键问题,及时组织召开专题会议,推进解决相关问题。②加强总进度综合管控工作:包括组建管控专班以落实管控督导工作、促进《综合管控计划》与《投运方案》深度融合、落实开展巡查工作、协调各建设和运营筹备主体单位补充专项计划、协调各建设和运营筹备主体单位加强信息管控。③优化分级分类解决问题机制:投运总指挥部执行办公室负责收集、梳理各驻场单位和外部单位等日常关联方需要协调的投运工作问题;涉及大兴机场能够现场解决的,更加务实开展工作,通过及时沟通、友好协商,由执行总指挥召开例行联席会研究解决;经协调后确实无法解决的,可提交至投运总指挥部。投运总指挥部联合办公室负责收集、梳理需投运总指挥部层面解决的问题。

6.3 初期的管控工作执行过程

6.3.1 总进度综合管控计划的印发

如果按照正常的印发程序,总进度综合管控计划在完成编制后,需要征求各部门的意见并根据其反馈平衡解决存在的冲突问题,进而再征求意见,再次根据反馈意见平衡修改,如此往复进行两到三轮意见征求后再下发执行,一般需要 3~6 个月的时间,如图6.1 所示。

大兴机场由于时间紧迫,民航领导小组办公室决定在《综合管控计划》编制完成后,收集一轮相关单位及部门的反馈意见并平衡修改后,直接印发给各单位。2018 年8 月 10 日,民航领导小组办公室发布了〔2018〕2188 号的民航明传电报。分别抄送至民航局领导、运输司、飞标司、公安局、空管办、华北局,明确了如下要求:

(1)要求各个单位按照总进度综合管控计划时间节点要求,细化各自管控计划,

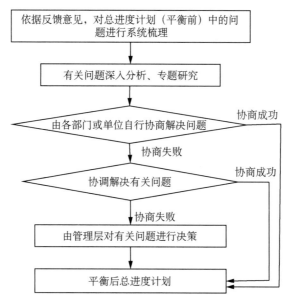

图6.1 总体进度计划编制流程图

做到无缝衔接、分工合作,全力确保大兴机场按期投运。

(2)指定专职人员负责对接总进度综合管控计划相关工作。

(3)以高度负责、严谨认真的态度按时完成每月计划表和进度表,积极配合课题组开展核查分析工作。

(4)每月25日各单位向北京新机场建设指挥部提交月度计划、进度统计表,课题组做初步分析和一致性检查。每月26—30日,管控工作组收集实际进度信息,现场检查复核。次月5日,印发《进度跟踪与管控月度报告》。

6.3.2 总进度综合管控工作月报制度

在总进度综合管控计划正式印发后,为了对当月各单位及部门的工程进度全面掌握并发现问题,以供决策层对未来工作做出重要决策,大兴机场形成了月报制度。其月报的正常工作流程包括收集数据、数据一致性检查、信息分析(形成草稿)、复核(形成初稿)、补充修订、编制终稿六个步骤,具体工作内容如下。

(1)收集数据

每个月的10—21日,由总进度管控课题组辅导各单位填写进度表格,22—23日召开两场督办答疑会,为各个单位解答信息填报中的疑难问题。月末27—28日辅助信息中心录入数据,并发布到管控信息平台。完成信息中心的数据录入工作后至次月月初,邀请外部单位参与进度管控工作,持续为各单位答疑,保证数据收集的完整性。

（2）数据一致性检查

对收集到的数据于当月月末（28—29 日）反馈到各负责单位，要求各单位配合修改表格，保证数据的一致性。

（3）信息分析（形成草稿）

次月月初，在完成数据收集与数据一致性检查的工作后，对各单位的表格进行统计分析。分析后，设计月报的样式并形成月报草稿。

（4）复核（形成初稿）

第一次复核以各单位上报的信息为准，并制订未来每个月定期抽查与复核的工作计划。

（5）补充修订

次月对各单位补报信息进行补充。

（6）编制终稿

总进度管控课题组在完成最终的月报编制后正式发布。

以 2018 年 8 月月报为例，月报编制的具体流程如图 6.2 所示。

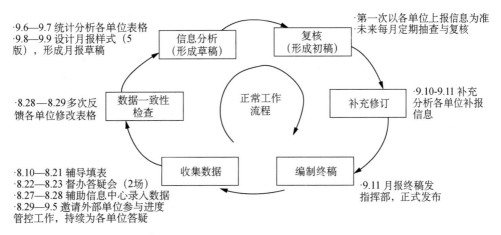

·9.6—9.7 统计分析各单位表格
·9.8—9.9 设计月报样式（5 版），形成月报草稿

信息分析（形成草稿）

复核（形成初稿）

·第一次以各单位上报信息为准
·未来每月定期抽查与复核

·8.28—8.29 多次反馈各单位修改表格

数据一致性检查

正常工作流程

补充修订

·9.10-9.11 补充分析各单位补报信息

·8.10—8.21 辅导填表
·8.22—8.23 督办答疑会（2场）
·8.27—8.28 辅助信息中心录入数据
·8.29—9.5 邀请外部单位参与进度管控工作，持续为各单位答疑

收集数据

编制终稿

·9.11 月报终稿发指挥部，正式发布

图 6.2　月报编制流程（以 2018 年 8 月月报为例）

6.3.3　总进度综合管控工作月报的内容

大兴机场总进度综合管控月报的具体内容如下。

1）总体进度情况分析

管控月报对截至当月的建设运筹管控节点完成情况进行统计归纳，对当前管控趋势做出判断。对机场各工程，如机场主体建设及其运营筹备工作、民航配套工程建设及运营筹备工作、外围配套及协调工作以及纠偏工作等分别进行进度滞后分析，对月报总体起总领概括的作用。

2）总进度计划阶段完成情况

第二部分对《综合管控计划》中的关键性控制节点完成情况进行分析，以柱状图对比各类性质关键性控制节点与原计划完成比率，更为直观地反映当前管控计划节点完成情况。

（1）工程主体建设与运营筹备工作

对主体建设工作关键性控制节点、运营筹备关键性控制节点完成情况分别分析。其中，建设、运营工作主要对飞行区、航站区、工作区、货运区等不同工程建设区域为主体分析节点完成数。分别以飞行区、航站区、工作区等对象，将进度管控工作分为建设类与运营类，明确关键控制节点名称、编号以及计划完成的时间。并对其中滞后的问题指出滞后原因与相关的解决对策。

（2）民航配套建设工程及其运营筹备工作

民航配套建设工程及其运营筹备工作包括各投资主体负责的建设与运营工作。投资主体主要包括中国东方航空股份有限公司、中国南方航空股份有限公司、民航华北空中交通管理局、中国航空油料集团有限公司、巴士公司与华北管理局共 6 家。对有关单位分别负责的建设、运营工作节点进行分析并提出纠偏对策。

（3）外围配套及协调工作

外围配套及协调工作涉及的投资主体有北京海关、北京市燃气集团有限责任公司、北京自来水集团、国网北京市电力公司大兴供电公司、北京市首都公路发展集团有限公司、北京市基础设施投资有限公司、中国铁路北京局集团有限公司、北京新航城开发建设有限公司、廊坊市新机场办 9 个。明确当月所有的投资主体完成的关键性节点及后续计划推进对策。

3）当月工程进度推进情况

对工程主体建设与运营筹备工作、民航配套建设工程及其运营筹备工作、外围配套及协调工作所有的工作总体完成数量进行统计，分为剩余动拆迁、剩余建设、验收与移交与运营筹备四个方面细化说明。对当月各单位工作推进情况，将各个投资主体的工程进度整体推进情况以百分比柱状图的形式展现出来。

4）总进度情况分析

对截至当月的管控进度情况进行总结，并根据工程施工运营逻辑，对滞后节点成因进行分析，并列出滞后节点可能影响到的后续工作。对截至当月的总体管控情况充分了解，并对当前需要开展的重要进度措施准确判断。

5）重要进度措施

民航领导小组、投运总指挥部对总进度综合管控作出的重要指示，确保民航领导小组办公室能够对各单位需要解决的问题充分了解，并与各单位协调沟通推进各项工作任务按时高效完成。

6）下月的工程进度计划

月报对截至当月的工程进度分析并提出相应措施总结后，对下月的建设及运营筹备计划推进工作、民航配套建设工程及其运营筹备工作、外围配套及协调工作的数量及具体工作内容给出明确建议。

7）近期工作重点

月报的结尾根据截至当月的总体进度情况分析，做出近期管控工作内容建议：

（1）对出现未填报进度信息、未填写滞后原因、影响与对策的相关单位，要求进一步严格规范填报信息。保证所有投资主体都积极参与协调总进度综合管控工作。

（2）结合当月进度推进环境，动态调整。对当月滞后的工作进度狠抓纠偏。充分调用当下可用的资源，提高风险抵御能力。

（3）各类运营筹备文件的编写。结合具体管控工作的特点，与有关单位协商沟通后编制并完善运营筹备等文件，提高编制的质量。

6.3.4　总进度综合管控第一次汇报

2018年9月21日，总进度管控课题组向民航领导小组办公室汇报第一次管控工作及效果。对总进度综合管控计划发布后的相关工作进行了概述，包括月报设计、月报编制过程，明确了未来的管控报告文件的范式，便于规范化管理。

通过WBS（工作分解结构），明确了大兴机场工程项目的范围以及对应负责的投资主体。对比总进度综合管控计划，分别从投资主体分类、工作性质分类两个角度对2018年8月总进度综合管控的关键性控制节点完成情况进行汇总分析。

对9月大兴机场建设主体工程及其运营筹备工作计划进行汇报，明确了8月滞后节点对后续工作开展的风险、9月对相关滞后节点的纠偏工作等。

本次汇报总结了进度管控工作介入后发现的进度滞后问题，对后续各单位主动配合节点信息上报、参与总进度综合管控工作产生了重要的影响。第一次总进度综合管控效果与意义主要体现在以下三个方面。

1）投资主体积极参与总进度综合管控

对第一次管控汇报，距离第一次管控月报的发布过去10天。月报发布时，有11家投资主体参与总进度综合管控。在月报发布后到第一次汇报的10天中，仅剩余两家单位还未参与总进度综合工作。

2）"抓手"作用

第一次总进度综合管控工作厘清了复杂的界面关系，在民航领导小组办公室的领导和参与下，总进度管控课题组为充分了解各单位的需求，开展了广泛调研，深入了解大兴机场的基本情况和工作进展。管控工作是领导层推进各项工作的"抓手"，是引领各个单位执行各种计划的"龙头"工作。

3）科学地应对措施与建议

进度管控工作对梳理出来的问题分析，并提出应对建议以及重点工作。有效提高了各单位之间管控协调工作的积极性，为后续月度管控工作把握了方向、规范了方法。

6.4 管控方案、管控计划的动态调整及补充专项计划

根据 2018 年 12 月总进度综合管控月报数据分析，2019 年 1 月 18 日，民航局印发了〔2019〕205 号民航明传电报（图 6.3），对 2019 年管控工作开展提出了新的要求。

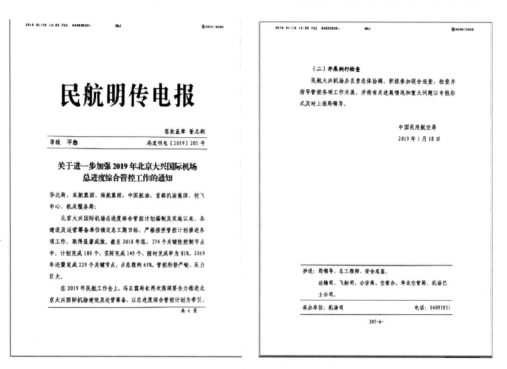

图 6.3　民航明传电报[2019]205 号
《关于进一步加强 2019 年北京大兴国际机场总进度综合管控工作的通知》

6.4.1 管控方案的动态调整

总进度综合管控初期以总进度管控课题组访谈、巡查为主，每个月以进度月报的形式，反映当月工程进度存在的问题与隐患，并作出相应的纠偏措施。为了进一步加强大兴机场总进度综合管控工作，实现竣工前运行团队介入，竣工后建设团队陪伴接收，确保"9·30 前投运"的总进度目标实现，所以需要对管控方案进行调整。

其中具体的管控方案调整措施包括：组建管控专班、融合各项计划、开展联合巡查，具体内容在后面章节展开。

6.4.2 管控计划关键节点调整分析与讨论

根据《民用机场工程建设与运营筹备总进度综合管控指南》，一般情况下，机场工程总进度综合管控计划每年度可以调整一次。这既维护了计划的严肃性，又通过合理的调整，使得计划与工程实际进展相吻合。但是，调整必须与工程实际进展相结合。

2019年2月25日，在民航局召开"北京大兴国际机场总进度综合管控工作问题分析会"，有关单位建议调整关键节点。考虑到大兴机场建设进度实际情况，总进度管控课题组对当前形势作出了深入分析，认为当前距离实现"6·30竣工"目标仅剩余4个月，若此时调整关键节点，将会影响最终总进度管控目标的顺利实现，建议通过优化管理措施满足总进度综合管控计划节点要求。

民航局机场司领导听取了总进度管控课题组的汇报后，认可了总进度管控课题组对当前形势的分析，并确定对关键节点不做调整，以纠偏为主。

6.4.3 补充专项计划

为贯彻民航局民传电报《关于进一步加强2019年大兴机场总进度综合管控工作的通知》以及2月12日在民航局召开的总进度综合管控工作问题分析会的会议精神，北京新机场建设指挥部于2月13日召开补充编制专项计划动员会议，就相关工作进行部署，各部门立即组织编制专项进度计划。

由首都机场集团协调各建设和运营筹备主体单位补充专项计划，首都机场集团按照工程建设与运营筹备两个层面，构建了各主体单位补充专项计划协调机制：涉及工程建设问题的，由北京新机场建设指挥部联合总进度管控课题组审核后，再报投运总指挥部、抄报民航领导小组办公室；涉及运营筹备问题的，由投运总指挥部执行办公室联合总进度管控课题组审核后，再报投运总指挥部、抄报民航领导小组办公室。

在时间紧、任务重的情况下，基于协调机制的有效实施，北京新机场建设指挥部于3月14日完成了4个设备纵向投运计划、5个交叉施工进度计划和5个特殊专项计划的编制。

1）交叉作业专项计划

（1）交叉施工整体部署

为保证交叉作业的施工，投运总指挥部建立了多层次沟通机制，第一层是施工单位之间的沟通，第二层是北京新机场建设指挥部部门之间的沟通协调，第三层是北京新机场建设指挥部与其他建设单位之间的沟通协调。以环航站楼为例，交叉作业专项计划沟通机制流程如图6.4所示。

同时将交叉作业工程列入监理例会固定议题，并于每周一进行，对工程进度持续监控，严格落实工程节点考核，其中确定了以下工程的节点时间（表6.1），包括飞行区

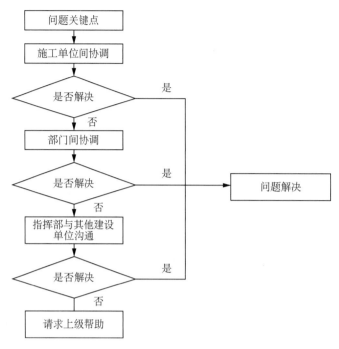

图 6.4　交叉作业沟通机制流程图(以环航站楼为例)

服务车道道面施工、飞行区近机位站坪道面施工、登机桥活动端安装、飞机空调交叉区域设备安装、飞机空调全部设备安装、登机桥固定端头电器间弱电机房完成网络设备安装、航油监控系统的基础、立杆、设备安装、线缆敷设等。实行有效的奖惩机制,对按时完成的单位通报表扬,未完成的单位则通报所属公司。

表 6.1　建设与运筹三大重要交叉施工专项进度计划及 37 个关键节点调整说明表

(北京大兴国际机场环航站楼交叉施工专项计划节选)

节点	完成时间
飞行区服务车道道面施工	2019.5.31
飞行区近机位站坪道面施工	2019.4.30
登机桥活动端安装	2019.5.31
飞机空调交叉区域设备安装	2019.5.20
飞机空调全部设备安装	2019.6.30
登机桥固定端头电器间弱电机房完成网络设备安装	2019.4.30
航油监控系统的基础、立杆、设备安装、线缆敷设等	2019.4.30
按时完成单位,通报表扬;未完成单位,通报所属公司。	

（2）施工进度交叉界面及时间

以环航站楼为例，该区域交叉施工有六项，具体施工内容已在本书第 5 章展开，施工进度计划表详细展示了交叉作业内容、工作部位、交叉单位、开始与完成时间以及交叉界面（表 6.2），有助于有序推进交叉专项工程的建设。

2）验收专项计划

2019 年 1 月 18 日，民航局印发［2019］205 号民航明传电报《关于进一步加强 2019 年大兴机场总进度综合管控工作的通知》，各建设单位应于 1 月底前编制完成自身地方验收专项计划和民航竣工验收及行业验收专项计划，报投运总指挥部，抄民航领导小组办公室。地方验收计划由投运总指挥部和地方政府相关部门协商后实施，民航竣工验收和行业验收计划由执行验收委员会统筹安排实施。

3）设备纵向投运计划

相关单位以安装—调试—培训—验收—移交（接收）为纵轴，融入设计培训、厂家培训、移交（接收）等时间安排，及时对各类硬件设施和软件系统安装调试验收计划细化，进一步梳理各类问题，确保投用后系统功效稳定。设备纵向投运专项计划编制完成后报投运总指挥部和协调督导组，抄民航领导小组办公室备案。投运总指挥部和相关单位负责组织实施，协调督导组检查实施效果。北京新机场建设指挥部设备纵向投运计划由以下四部分安装调试培训计划构成。

（1）飞行区设备安装调试培训计划（表 6.3）。

（2）航站楼设备安装调试培训计划（表 6.4）。

（3）停车楼、综合服务楼设备安装调试培训计划（表 6.5）。

（4）工作区场站设备安装调试培训计划（表 6.6）。

6.5 日常监督与巡查

2019 年 1 月 28 日，投运总指挥部第二次联席会在大兴机场召开。会议主要传达了 2018 年 12 月 17 日民航局召开的民航领导小组第三次会议精神、民航局明传电报〔2019〕205 号《关于进一步加强 2019 年大兴国际机场进度管控工作的通知》。会议强调了要加强总进度综合管控工作。

经过此次会议，在联合巡查工作程序及问题上报程序的严格实施下，总进度月报综合管控工作加入月中巡查、联合巡查工作具体的工作内容。具体的工作安排如表 6.7 所示。

表 6.2　北京大兴国际机场环站航站楼交叉施工计划(部分)

序号 1：交叉内容——飞机空调设备安装与航站区作业面

工作部位	交叉单位1：航站区工程部 序号	作业名称	开始时间	完成时间	交叉界面 界面工作及时间	交叉单位2：机电设备部 序号	作业名称	开始时间	完成时间
指廊制冷机房	1	指廊制冷设备基础、防水、找平等作业	2019/3/1	2019/3/15	3月1日至15日陆续提交指廊21处机房设备就位工作界面	1	制冷机组设备就位安装	2019/3/1	2019/3/20
指廊制冷机房	2	指廊制冷机房幕墙、线管拆改	2019/3/10	2019/3/31	3月10日至31日陆续提交指廊21处机房的设备风管工作界面	2	制冷机水管、风管安装	2019/3/10	2019/5/20
登机桥固定端高压新风机房	3	登机桥固定端高压新风机房设备基础、封闭(预留设备通道)等工作	2019/3/10	2019/3/31	3月10日至31日陆续提交登机桥机房固定端高压新风机房固定端设备安装工作界面	3	高压新风机组设备就位安装	2019/3/10	2019/4/10
登机桥固定端高压新风机房						4	高压新风机组风管、水管安装		2019/6/30

序号 2：交叉内容——登机桥固定端头电器间土建施工与设备安装

工作部位	交叉单位1：航站区工程部 序号	作业名称	开始时间	完成时间	交叉界面 界面工作及时间	交叉单位2：弱电信息部 序号	作业名称	开始时间	完成时间
登机桥固定端头电器间弱电机房	1	楼控桥架安装		2019/3/15	3月5日开始陆续移交、3月15日全部完成	1	综合布线水平线缆进入电气间	2019/3/5	2019/3/25
登机桥固定端头电器间弱电机房	2	机柜具备条件安装		2019/3/25		2	网络机柜安装到位	2019/3/5	2019/3/25
登机桥固定端头电器间弱电机房	3	楼控桥架和机柜贯通		2019/3/31		3	综合布线线缆端接	2019/4/1	2019/4/10
登机桥固定端头电器间弱电机房	4	土建工作完成(除地面最后一遍自流平)		2019/3/31		4	网络设备安装	2019/4/1	2019/4/30
登机桥固定端头电器间弱电机房	5	卫生打扫完成		2019/3/31		5	网络设备加电调试	2019/4/11	2019/4/30
登机桥固定端头电器间弱电机房	6	机房强电配电柜到位		2019/4/10					
登机桥固定端头电器间弱电机房	7	机柜强电桥架安装到位		2019/4/10					
登机桥固定端头电器间弱电机房	8	强电电缆线缆接完成		2019/4/10					
登机桥固定端头电器间弱电机房	9	PDU安装到位		2019/4/10					

表 6.3 飞行区工程部设备安装调试培训计划(部分)

设备/系统组成	飞行区标段	设备/系统概况	供应商/生产商	到货时间	安装单位	安装完成时间	调试完成时间	接管单位与联系人	培训时间 开始时间	培训时间 结束时间
综合管廊排水、消防系统	场道4标	8台水泵	—	2019.3.8	—	2019.3.20	2019.4.5	飞行区管理部	2019.5.30	2019.6.30
	场道5标	自然匀潜水排污泵 50WQ/E242-1.5PL.44台	—	2019.4.15	—	2019.4.25	2019.4.30		2019.5.30	2019.6.30
	场道6标	自动搅匀潜水排污泵 36/超细干粉灭火器 135	—	2019.3	—	2019.4	2019.4		2019.5.30	2019.6.30
	场道7标	潜水排污泵 40台;系统概况:按防火分区设置集水坑,再由自动搅匀潜水排污泵排出管廊	—	2019.3.8	—	2019.3.30	2019.4.15		2019.5.30	2019.6.30
	场道11标	潜水排污泵 8台/超细干粉灭火器 29具	—	2019.4	—	2019.4	2019.5		2019.5.30	2019.6.30
	场道14标	水泵 24台	—	2018.12	—	2019.1	2019.6		2019.5.30	2019.6.30
	场道2标	4台	—	2019.3.20	—	2019.3.30	2019.4.10		2019.5.30	2019.6.30
	场道3标	潜污泵 4台	—	已到货	—	2019.3.20	2019.4.1	飞行区管理部	2019.5.30	2019.6.30
下穿道排水及消防系统	场道6标	提升泵 3台	—	2019.3	—	2019.3.20	待定		2019.5.30	2019.6.30
	场道7标	潜水排污泵共 10台(南北侧泵站各5台),系统概况:下穿通道雨水引入泵站集水池,经由雨水提升泵站将雨水排入拟建排水沟。	—	2019.3.8	—	2019.3.30	2019.4.10		2019.5.30	2019.6.30
	场道14标	水泵 12台	—	2018.12	—	2019.1	2019.6		2019.5.30	2019.6.30
	场道2标	1台	—	2019.3.20	—	2019.3.30	2019.4.15		2019.5.30	2019.6.30
下穿道泵房监控摄像机	场道3标	高清快球网络摄像机	—	2019.3.20	—	2019.3.31	2019.4.10	飞行区管理部	2019.5.30	2019.6.30
	场道6标	摄像机 1台	—		—				2019.5.30	2019.6.30
	场道9标	高清快球形网络摄像机	—	2019.5	—	2019.5	2019.6		2019.5.30	2019.6.30
	场道14标	室内型变焦高清快球网络摄像机 2台	—	已到货	—				2019.5.30	2019.6.30
下穿道泵房及变电站及配电系统	场道3标	MNS低压柜 5面	—	已到货	—	2019.3.20	2019.4.1	飞行区管理部	2019.5.30	2019.6.30
	场道6标	配电柜 8台,智能控制柜 1台	—	2019.3	—	2019.3.25			2019.5.30	2019.6.30
	场道9标	配电柜	—	2019.3	—	2019.4	2019.6		2019.5.30	2019.6.30
	场道14标	南提升泵站变电站低压开关柜(MNS)7面	—	2018.12	—	2019.4	2019.6		2019.5.30	2019.6.30

表6.4　航站区工程部设备安装调试培训计划表（部分）

设备/系统名称	区域	设备/系统组成	设备/系统概况	供应商/生产商	安装单位	安装完成时间	调试完成时间	接管单位	厂家培训 开始时间	厂家培训 结束时间	备注
电梯	核心区	电梯及监控系统	94部	—	—	2019.3.31	2019.4.5	航站楼管理部	2019.4.15	2019.5.1	2月份开始调试，与项目同步进行，收管单位参与运营单位参与
	核心区	步道梯及监控系统	12部	—	—	2019.3.25	2019.3.31		2019.4.20	2019.5.10	
	核心区	扶梯及监控系统	116部	—	—	2019.3.25	2019.3.31		2019.4.25	2019.5.20	
	指廊	扶梯	26部	—	—	2019.3.15	2019.3.31		2019.4.10	2019.6.1	
	指廊	直梯	29部	—	—	已完成	2019.3.31		2019.4.10	2019.6.1	
	指廊	观光梯	10部	—	—	2019.3.25	2019.3.31		2019.4.10	2019.6.1	
	指廊	自动人行道	40部	—	—	已完成	2019.3.31		2019.4.10	2019.6.1	
楼宇自控	核心区	建筑设备监控系统	传感器725支，控制器684台	—	—	2019.3.31	2019.4.30	航站楼管理部	2019.6.1	2019.6.30	
	指廊	建筑设备监控系统	传感器324支，控制器470台	—	—	2019.4.1	2019.4.30		2019.6.1	2019.6.30	
	核心区	电力监控系统	通讯管理机119台，模拟屏1台	—	—	2019.3.31	2019.4.30		2019.5.15	2019.5.30	
	指廊	电力监控系统	通讯管理机79台，模拟屏4台	—	—	2019.4.1	2019.4.30		2019.5.15	2019.5.30	

表 6.5 停车楼、综合服务楼设备安装调试培训计划表

设备/系统名称	设备/系统组成	设备/系统概况	供应商/生商商	安装单位	安装完成时间	调试完成时间	培训时间		备注
							开始时间	结束时间	
电梯	电梯/自动扶梯	电梯 42 台,扶梯 32 台	—	—	2019.4.25	2019.6.1			
应急电源系统	柴油发电机	柴发 1 台,位于酒店地下室	—	—	2019.4.30	2019.4.30	2019.6.1	2019.7.30	
	UPS	办公楼首层智能建筑控制室设置一组 40 kVA/持续放电 180 min 的 UPS;酒店首层智能建筑控制室设置一组 40 kVA/持续放电 15 min 的 UPS;东西停车楼首层各设置一个 UPS 室,在消防控制室及智能建筑控制室分别设置 UPS 室,UPS 采用模块化主机,可增容至 80 kVA/30 min	—	—	已完成	2019.4.30	2019.6.1	2019.7.30	
变配电系统	10 kV 干式变压器	办公楼设置 2 台 2 000 kVA 变压器;酒店设置 2 台 1 600 kVA,2 台 1 250 kVA 变压器	—	—	已完成	2019.4.30	2019.6.1	2019.7.30	
	10 kV 开关柜	办公楼高压柜 10 台,机电高压柜 15 台	—	—	已完成	2019.4.30	2019.6.1	2019.7.30	
	辅助屏(直流屏/计量屏等)	办公楼直流屏,信号屏各一台	—	—	已完成	2019.4.30	2019.6.1	2019.7.30	
	低压开关柜	办公楼低压柜 23 台,酒店低压柜 39 台	—	—	已完成	2019.4.30	2019.6.1	2019.7.30	
给排水系统	消防水泵(消火栓系统)	2 台	—	—	已完成	2019.4.30	2019.6.1	2019.7.30	
	消防水泵(喷淋系统)	2 台	—	—	已完成	2019.4.30	2019.6.1	2019.7.30	
	消防水泵(水幕栓系统)	2 台	—	—	已完成	2019.4.30	2019.6.1	2019.7.30	
	消防水泵(水炮系统)	2 台	—	—	已完成	2019.4.30	2019.6.1	2019.7.30	
	生活水泵	酒店换热站 4 台	—	—	已完成	2019.4.30	2019.6.1	2019.7.30	
	潜水泵	停车楼及综合楼 335 台	—	—	已完成	2019.4.30	2019.6.1	2019.7.30	
	虹吸式屋面雨面排水	22 000 m	—	—	已完成	2019.3.30	2019.6.1	2019.7.30	
	隔油池	综合楼 12 台,停车楼 2 台	—	—	2019.3.30	2019.4.30	2019.6.1	2019.7.30	

表 6.6　工作区场站设备安装调试培训计划表

工程名称	设备/系统名称	设备/系统组成	设备/系统概况	供应商/生产商	到货时间	安装单位	安装完成时间	调试内容	调试开始时间	调试结束时间	接管单位与联系人	厂家培训开始时间	厂家培训结束时间	备注
污水处理厂工程	污水处理系统	一体化膜处理设备	MBR膜箱/40台;膜孔径≤0.1 μm;膜通量15 L/(m²·h)	—	2019.1.2	—	2019.5.30	单机调试	2019.1.1	2019.3.15	动力能源公司	调试完成后 2019.7.1	调试完成后 2019.7.7	
								设备联动调试阶段	2019.3.15	2019.4.1				
								工艺调试阶段	2019.4.1	2019.6.30				
给水站工程	给水站供水系统	主泵3台,副泵2台,消防泵3台	主泵:250 kW, 1 044 m³/h, 52 m, 辅泵:110 kW, 480 m³/h, 55m, 消防泵:110 kW, 480 m³/h, 55 m	—	2018.7	—	2018.8	清水池和工艺管道清洗消毒及水质监测	通水后开始	25 d	动力能源公司	通水后开始 2019.4.1	通水后开始 2019.4.1	
								设备调试	通水后开始	30 d				
燃气调压站工程	燃气调压系统	过滤器,调压撬火车,中低调压箱	过滤器2台;调压火车2台;中低压箱1台/单组过滤能力为200 000 Nm³/h,单组调压火车通过能力为150 000 Nm³/h	—	2018.6.10	—	2018.6.10	系统调试	2019.2.28	2019.4.30	动力能源公司	燃气通气后 7 d	燃气通气后 7 d	
101-104, 201-204 10 kV开闭站	10 kV开闭站系统	开关柜,交直流屏设备	开关柜352台,交直流屏设备64台	—	1.25~5.1	—	2019.5.15	设备、系统调试	2019.1.30	2019.5.30	动力能源公司	2019.3	2019.6	

表 6.7　总进度月报综合管控工作安排

日期	工作内容	备注
1—4 日	实际进展统计数据的整理汇总分析,编制总进度综合管控月报	
5 日	发布《总进度综合管控月报》	
6—8 日	月报工作总结	
9—10 日	月中巡查准备,制订月中巡查路线和计划	
13—15 日	现场中期进度巡查,了解建设与运筹进展情况,针对当月设定的目标,分析未来可能存在的问题及风险,并进行预警	
16—20 日	巡查工作总结并发布进度风险预警报告	
21—24 日	月度复核准备,制订月度巡查路线和计划	
25 日	接收(各单位)提交的月度统计表,做数据一致性检查及初步分析	
26—30 日	实际进度信息收集,现场检查复核	

6.5.1　管控专班的构成

为了能够顺利开展对各个工作的协调统筹,落实管控督导工作,民航局组建了管控专班。投运总指挥部提出要以《综合管控计划》为牵引,以进度管控课题组为抓手,积极对接民航领导小组办公室,积极配合协调督导组各项任务要求,结合管控实际情况,设计了与当前情况配套的管控专班机制。该机制要求各建设及运营筹备单位应安排至少 2 名熟悉内外部情况,且具有较强协调能力的管控专员(互为备份)负责总进度综合管控对接工作。投运总指挥部将各单位上报的管控专员组成管控专班,并于 2019 年 1 月开展工作。民航领导小组办公室和协调督导组对专班的人员信息有详细备案,能够及时直接沟通联系相关专员。管控专班工作机制(图 6.5)保证了专人负责专项工作,避免以往对接都要额外花费时间熟悉或直接一概而过完成对接,从而对未来运营造成影响的问题。

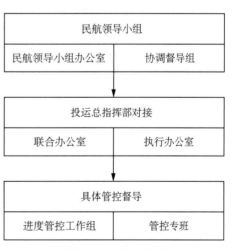

图 6.5　组建管控专班

6.5.2 日常监督的加强

在以往的管控中,由总进度管控课题组以各单位填报的管控进度信息为基础,编制总进度综合管控月报,但存在周期较长、信息更新不及时的问题。2019 年开始,不再由总进度管控课题组单方面更新进度信息,由管控专员及时更新信息化管控平台上的进度信息,灵活使用信息化管控平台,采用视频、图片等形式上传至信息化管控平台,直观展示管控效果。

为保证总体进度目标的实现,总进度管控课题组派遣主要人员常驻北京,指导各单位编制相关计划、查漏补缺。协助投运总指挥部制订联合巡查计划,通过信息管控平台、现场察看等多途径掌握最新进展情况。对各个关键节点完成质量情况严格把控考核,提出整改建议。听从投运总指挥部安排,对滞后原因与影响进行分析,及时向投运总指挥部、协调督导组与民航领导小组办公室预警。

6.5.3 联合巡查

1) 联合巡查制度

根据民航明传电报〔2019〕205 号《通知》批示文件,要求对大兴机场加强进度管控力度,对重点项目进度定期进行联合巡查。

以往巡查以总进度管控课题组为主,从 2019 年开始,投运总指挥部提出开展巡查工作。按照《综合管控计划》的管控工作需要,投运总指挥部制订了联合巡查工作的巡查程序(图 6.6),其中北京新机场建设指挥部负责继续对接总进度管控课题组现场巡查安排,协调总进度管控课题组按《综合管控计划》的管控需要,编制联合巡查计划,报投运总指挥部备案并执行。以总进度管控课题组为主,会同协调督导组等其他相关单位开展进度联合巡查,定期联合对重点项目进行进度巡查,了解机场工程建设与运营筹备实施进展情况,对可能存在的进度风险进行识别,对各个区域各工程界面之间的进度问题、风险进行提示。必要时,投运总指挥部可视情况增加联合巡查计划。投运总指挥部联合办公室、执行办公室负责统筹协调各单位做好巡查准备,对接民航领导小组办公室、协调督导组联合巡查相关要求。

投运总指挥部要求,巡查结束后,对于在联合巡查中发现的问题,必须按照《通知》的要求上报,并结合投运总指挥部的分级分类解决问题机制中的程序(图 6.7),督促相关单位或部门相互协调解决,涉及重大的交叉作业,上报投运总指挥部,针对进度滞后、未采取纠偏措施、纠偏效果不明显等问题,由总进度管控课题组配合投运总指挥部、协调督导组,并报请有关单位签发进度督办单等督办文件,限时回复和整改。最终形成巡查专报,报协调督导组,抄报民航领导小组办公室,在必要时,联合巡查调整为半月一次。

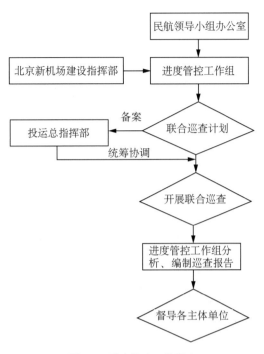

图 6.6　联合巡查工作程序

投运总指挥部制订的联合巡查工作程序以及问题上报程序,使得整体巡查工作流程形成了有效的闭环。严密的联合巡查工作程序与问题上报程序使得联合巡查工作能够稳步推进。联合巡查工作对现场实施进度做到了准确复核,对历史问题进行了核准、对及时发现的新问题进行分析并提出应对方案。联合巡查主体由总进度管控课题组变为具有行政影响的管控专班,协调解决效率得到了明显的提升,确保了问题发现与解决的高效性。

2)联合巡查报告的构成

联合巡查从 2019 年 2 月至 2019 年 8 月,每月定期开展一次,共开展联合巡查 7次。联合巡查由民航领导小组办公室、投运总指挥部会同总进度管控课题组开展,围绕当月的综合管控计划目标,结合上月进度巡查情况,对大兴机场现场实施情况进行复核。

联合巡查报告包括三个部分,第一部分是已基本解决问题,第二部分是历史问题,即过去综合管控月报或巡查提出或出现的,但目前仍未能解决甚至还未找到快速有效的解决措施;第三部分是新问题,即本次巡查中碰到的新出现的问题。以《关于 2019 年 5 月大兴机场建设及运营筹备总进度月度联合巡查报告》为例,详细内容如下。

(1)已基本解决问题

截至 2019 年 5 月 24 日,已基本得到解决的问题包括:航站楼北人防工程进度、货运区运筹相关工作进度等。

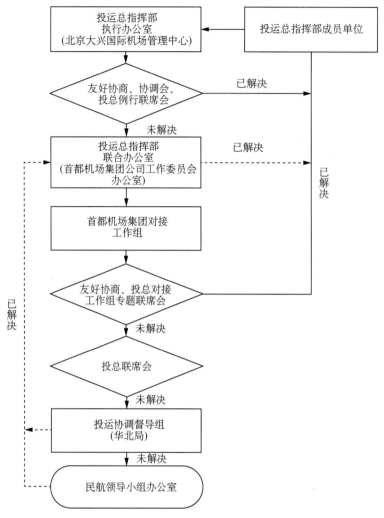

图 6.7　问题上报程序

（2）历史问题

历史问题分为两类：第一类是已找到快速有效解决路径正在解决的问题，用绿色标注；第二类是还未有快速有效解决措施的问题，用红色标注。从建设与运营筹备两个方面分别阐述。

（3）解决措施

对识别出来的滞后问题进行深入分析，对不同性质的问题针对性地采取解决措施。对于建设问题牵涉到用地手续批复的，加强相关建设部门与土地管理部门的协调沟通，推进落实用地手续的办理。涉及建设与运营同时进行有交叉的，则深入分析运营工作是否能在建设过程中正常进行，对建设无影响的运营工作则继续推进，反之则重点推进相关建设工作。

6.5.4 月中巡查

1）月中巡查制度

为进一步加强总进度综合管控力度，紧密跟踪重点工作推进情况，投运总指挥部会同总进度管控课题组于 2019 年 3 月起开展月中进度巡查，在当月综合管控计划目标的基础上，结合上月月度巡查情况及当月月中预警报告，对相关工作实施情况进行巡查。

2）月中巡查实例

自月中巡查制度确立以后，投运总指挥部会同总进度管控课题组前后共同开展 7 次总进度综合管控月中巡查工作，出具了 7 份月中巡查报告，及时识别已滞后节点。月中巡查报告重点对当月机场建设的高风险工作、中风险工作以及低风险工作分别进行识别分析，并加紧相应纠偏工作的开展实施。月中巡查工作提高了管控工作的频率，保障了大兴机场建设运营筹备工作中的重点问题能被及时发现、及时解决。

如 2019 年 4 月中，月中巡查报告识别了 56 个关键性控制节点，通过当月现场巡查发现，中风险点包括某货运区大市政尚未接入，低风险点包括轨道交通大兴机场线铺轨进度。经分析，其中货运区的工程大多是因为相关手续的办理问题，正式用地批复是办理所有规划许可证必备的前置手续，如果正式用地手续无法如期批复，相关规划许可证均无法完成正式办理。为此，北京方面，定期与相关土地管理部门汇报沟通，及时了解相关进展情况，并协调北京市积极配合土地管理部门开展会审工作。河北方面，进一步协调河北省推进耕地占补平衡承诺工作，尽快启动正式用地报批工作。5 月中巡查时，自然资源部已通过部内建设用地会审会议，对相关工程建设的进度起到了重要推动作用。

6.5.5 风险预警

从 2019 年 2 月开始，大兴机场建设及运营筹备总进度综合管控月报增加"风险提示"的重要内容。在月报前端，开设风险提示专栏，用星级表明滞后工作的紧迫性，并详细描述滞后工作内容及其相应带来的风险。在月报末尾，增加了其他风险提示附表，附表所列的滞后工作紧急性比月报首段列出的滞后工作紧迫性低一级，但同样对滞后工作内容有明确的说明。

同时，总进度管控课题组将存在风险的滞后工作整理为风险清单，按照建设和运筹、民航配套建设与配套运营筹备及外围配套设施三部分三个角度分别梳理风险清单。有针对性地反映了风险问题，为相应的负责单位、投资主体明确了纠偏工作。

1）红黄灯制度

从 2019 年 3 月起，由总进度管控课题组协同民航领导小组办公室、投运总指挥部共同编写总进度综合管控月中预警报告。采用"红黄灯制度"将滞后工作的风险程度、完成情况充分地可视化展现出来。

红黄灯制度,即采用红、黄、绿三种颜色标记滞后工作风险。单个预警灯表示该项工作当月完成的风险大小。其中,红灯代表已滞后的工作、黄灯代表当月完成风险较大的工作、绿灯代表当月能够完成的工作。当预警灯两两组合时,代表对已滞后节点在当月能够完成的风险大小。红、绿灯前后出现时,代表已滞后但预计能在当月能够完成的节点;红、黄灯前后出现时,代表已滞后节点在当前月完成仍存在较大风险;当预警灯均为红色时,代表已滞后的节点仍然不能在当月完成。

红黄灯制度的运用,直观地反映了滞后工作完成的紧急程度与当月可完成的可能性大小,为总进度综合管控的进程提供了有力帮助。

2019年2月至2019年5月,每个月前置的风险工作除机场用地手续滞后以外,其他滞后工作都在下月得到较好的纠偏。

2)风险预警报告

从2019年3月起,由民航领导小组办公室与投运总指挥部共同编制《北京大兴国际机场建设及运营筹备总进度综合管控月中预警报告》,报告由总体风险情况分析、已滞后节点风险分析、当月总进度综合管控计划节点风险分析、次月总进度综合管控计划节点风险分析四个部分组成。

第一部分总体风险情况分析包括对截至当月已滞后节点的完成情况以及针对大兴机场工程主体建设及运营筹备工作、民航配套工程建设及运营筹备工作、外围配套及协调工作三类分别进行滞后节点分析。

第二部分已滞后节点风险分析在第一部分的基础上,细化各个节点的具体工作内容与相应的负责单位,并采用红黄灯制度确定其滞后的风险等级。

第三部分对当月总进度综合管控计划中应完成但无法按时完成的节点进行风险分析,同样运用红黄灯制度确定不同滞后节点的风险等级。

第四部分对次月总进度综合管控计划节点进行风险分析,运用红黄灯制度分析其是否能按时完成,若预计无法按时完成应阐述导致节点滞后的原因与预计完成时间。

6.6 "一大三重"问题

"一大三重"问题于2019年2月25日第二次"北京大兴国际机场总进度综合管控工作问题分析会"上正式提出,"一大"指机场用地手续办理,"三重"包括航站楼周围交叉施工尚未协调一致、航站楼北相关单位市政接入需求与供给尚未平衡、航行公告生效前置流程按常规需要的时间无法满足开航要求。

6.6.1 建设工程规划许可证和施工许可证办理

1) 管控背景

大兴机场是按"一会三函"模式开工的。2019年2月提出的"一大三重"问题中的"一大"指的是机场用地手续办理事宜,但正式用地批复是办理所有工程规划许可证必备的前置手续。如果正式用地手续无法如期批复,相关工程规划许可证均无法完成正式办理。同样,建设工程规划许可证是施工许可证的前置条件,相关工程施工许可证的办理也无法完成。

2) 管控过程

2019年2月底提出"一大三重"问题,进一步引起了高层对用地手续问题的高度重视,推动各相关单位加快审批流程。从2019年2月起,每月管控月报持续将机场用地手续办理在首页风险提示和附录上的风险清单中高亮提醒各单位注意。

通过不断与京冀两地政府的协调和努力,北京市域建设用地于2019年7月获国务院圈批、自然资源部批复;河北省域建设用地于2019年9月获自然资源部批复。然而,就办理建设工程规划许可证和施工许可证而言仍然还有许多手续,此时距离9月底正式投运仅剩1个多月。为了确保机场合法合规投入使用,北京市规划自然资源委以用地预审、竣工的房屋测量结果直接办理建设工程规划许可证,大大简化了办理流程。8月22日大兴机场20个已建成项目正式完成窗口申报,8月30日完成指标、技术审查,一次性办理完成机场工程已建项目(20个)规划许可证。而处于河北地域的东航、南航和空管等部分工程在北京市简化办理手续后也积极协调河北政府,参照北京市简化流程,办理完成工程规划许可证。

3) 管控结果

通过简化工程规划许可证办理手续,加快施工许可证办理,大兴机场顺利完成所有工程的建设工程规划许可证和施工许可证办理,各项工程项目顺利完成竣工验收备案。

6.6.2 航站楼周围交叉施工

1) 管控背景

航站楼周围交叉施工区域包括:飞行区服务车道道面施工与航站楼周边施工材料运输平台及临设拆除的交叉、飞行区近机位道面施工与登机桥附近临时设施拆除的交叉、飞行区站坪施工与登机桥活动端安装的交叉、飞行区服务车道道面施工与航油监控施工的交叉等众多交叉工作,涉及单位多,界面复杂。

2) 管控过程

2019年2月总进度管控课题组指出航站楼周围相关工程交叉施工作业的推进尚

未协调一致。受此影响,登机桥活动端安装施工将会滞后,临时设施清退、油井安装等其他工作也无法给出精确的完成时间。为研究梳理航站楼周围相关工程交叉施工问题,投运总指挥部要求北京新机场建设指挥部按照总进度管控课题组确定的思路和方法编制专项计划。北京新机场建设指挥部向投运总指挥部提交《建设与运筹三大重要交叉施工专项进度计划》和《设备纵向及验收专项》,针对航站楼周围交叉施工的进度推进事项梳理分析。总进度管控课题组按照投运总指挥部要求再次对专项计划进行了点评,反馈该专项计划的提升方法。北京新机场建设指挥部在投运总指挥部的指导和参与下根据反馈意见对专项计划进一步落实、修改和完善,同时解决相关问题。

自"一大三重"问题提出后,从 2019 年 3 月起总进度管控课题组及其他相关单位每月增加一次月中巡查,将航站楼周围交叉施工区域作为巡查的重点区域,结合工程现场进度情况,不断梳理各单位之间的界面节点和问题,并与相关单位深入交流未来施工计划,提出优化措施和改进意见。针对专项计划和计划执行中的问题,不断提醒相关单位高度关注并协调解决。

2019 年 3—5 月管控月报中均在首页风险提示和附上的风险清单中反映"一大三重"问题的最新进展,持续提醒各单位高度关注,并于投运总指挥部联席会上汇报最新进展情况。

3)管控结果

通过前述一系列管控过程,梳理各工序前后顺序,航站楼周围交叉施工于 2 个月之内(2019 年 4 月前)基本得到解决。同时投运总指挥部将改进后的专项计划纳入总进度综合管控体系中,取得了良好的效果。

6.6.3　航站楼北各地块市政接入需求与供给

1)管控背景

航站楼北侧受地下廊涿城际、大兴机场线、京雄铁路进度影响,导致其人防工程进度滞后。航站楼北人防工程完成后才能开展横跨人防的道路工程及相关管线敷设,而这些管线又直接服务于东航南航等地块。例如,有连接东航南航运行指挥中心的弱电管线,其管线敷设进度将直接影响到东航南航现场运行指挥中心的调试和运作。人防工程进度是市政管线敷设进度的前置条件。

2)管控过程

2019 年 2 月总进度管控课题组通过巡查发现,航站楼北尚在进行人防工程施工,横跨其上的道路工程以及相关管线敷设尚不具备施工条件,工程进度落后于计划节点,但这些管线直接服务于东航南航地块,影响这些地块正式用电和排污。其时,相关单位仍未完整系统梳理出其地块对大市政的需求,与相关建设指挥部未就管线贯通及大市政接入时间等事项以会议纪要等形式达成一致。相关单位也未有能满足区域地块需求的供电、给水、排水、排污、供气等市政供给计划,交叉作业面移交时间还不确定,给工程后期相关工作的开展带来风险。

2月份将航站楼北相关单位市政接入需求与供给不平衡问题列入"一大三重"问题后,3月起每月月中巡查和月末巡查都将航站楼北侧各地块作为重点巡查区域。此外,总进度管控课题组还对相关单位进行了专题调研。2019年3—5月管控月报中均在首页风险提示和附上的风险清单中反映"一大三重"问题的最新进展,持续将航站楼北相关单位市政接入需求与供给不平衡问题提醒各单位高度关注,并于投运总指挥部联席会上汇报最新进展情况,供各级领导持续指挥调度。

3)管控结果

通过前述一系列管控措施,2019年6月中旬人防工程已经基本封顶,部分重要管线经过研究采取更改路由的方式以满足相应单体项目进度要求,比未实施管控时的计划时间提前了近2个月,满足航站楼北各地块工程项目调试所需的水、电、排污等市政供给需要。

6.6.4 航行公告生效前置流程

1)管控背景

航行公告生效前置工作包括飞行程序和机场使用细则批准、试飞、行业验收等。机场飞行程序的批准文件和机场使用细则的批准文件是后续试飞、行业验收等重大工作开展的前提,也会影响机场使用许可证、航行公告生效等开航手续的办理。

2)管控过程

2019年2月份总进度管控课题组指出:航行公告生效前有大量的前置工作,取得机场飞行程序的批准文件和取得机场使用细则的批准文件将不能按管控计划的要求在2019年4月完成,需要延后至5月,可能影响试飞、行业验收、机场使用许可证、航行公告生效等开航手续按计划办理。

投运总指挥部高度关注航行公告生效前置流程审批进度,持续向相关部门了解最新进展。2月26日,时任民航局机场司司长刘春晨现场巡查后召开讨论会,民航局相关部门和单位对航行公告生效前置流程又进行了深入的分析和研究,对相关计划进行再优化。

3)管控结果

通过前述一系列管控过程,该流程已理顺并得到解决,5月29日大兴机场飞行程序正式获得民航华北地区管理局批复,后续流程各环节按最优方式完成。

6.7 北京大兴国际机场竣工验收阶段

2019年6月27日,大兴机场进行了工程验收进展情况汇报,召开了"北京大兴国际机场工程建设及运营筹备总进度综合管控最新情况"大会。会议指出,航站区工程、飞行区工程、配套工程、弱电及机电工程已开展工程实体竣工验收工作,工程基本按计划进行。

6.7.1　竣工验收前夕的保障工作

为了保障大兴机场"6·30竣工"的目标,投运总指挥部重点围绕保障竣工前期手续、加快主体及配套工程,先后调研首期人才公租房和非主基地航综合业务用房及机组出勤楼项目、ITC/AOC工程、航站楼北人防工程、飞行区竣工验收、航站楼设备安装等30余项重大事项,为圆满完成主体工程"6·30竣工"目标打下了基础。

1)保障竣工必备前期手续

大兴机场建设工程正式用地批复文件是办理建设工程规划许可证、施工许可证、施工图审查合格文件、竣工验收以及不动产权登记等手续和程序的必备要件。前期,投运总指挥部经过与北京市、河北省政府反复协调,将大兴机场各项工程纳入两地绿色通道,但各项目办理正式的规划、竣工验收等仍需正式用地手续作为前提条件。

为此,民航局和首都机场集团领导数次内外部统筹调度,鉴于大兴机场地跨京冀两地,土地手续众多,包括征地手续、耕地占补平衡、生态保护红线等各个重点环节,涉及两地政府土地管理部门、自然资源部等多个审批环节,首都机场集团领导分层分级呼吁相关方共同推进工作,通过民航领导小组会议、民航局与北京市协调推进大兴机场工作会议、民航局与河北省推进大兴机场工作会议、与相关部委领导沟通等契机,协调各相关主管部门给予关注支持,同时通过与京冀两地机场办、两地规划土地管理部门会谈,反复协调工作进展。

2019年4月1日,首都机场集团进一步加大统筹力度,向自然资源部报告正式用地事宜,得到自然资源部快速响应。2019年4—6月,利用北京市、河北省调研大兴机场的契机,首都机场集团分别汇报了协调大兴机场正式用地手续相关事宜,取得积极效果。经反复协调,在民航局的统筹支持下,涉及大兴机场用地的耕地占补平衡等事项逐一获得解决,京冀两地域的建设用地正式用地手续陆续获得自然资源部批复。

2)加快主体工程

(1) AOC/ITC

AOC是大兴机场运行信息收集、汇总与发布的枢纽中心,关系着大兴机场八大流程、保障活动、突发应急事件等高效运行;ITC承载着大兴机场范围内所有弱电、信息系统的运算、存储、信息交互共享、远程控制等数据处理工作。AOC/ITC如无法如期竣工交付,将直接影响大兴机场各专业系统联调联试以及未来安全、便捷、高效运行。

投运总指挥部通过梳理2019年3月的《北京大兴国际机场总进度综合管控月报》发现,AOC/ITC有关工作需进一步加快。

对于以上问题,投运总指挥部基于大兴机场管控实情,一是实行了全面统筹调度。

2019 年 4 月 25 日，在投运总指挥部第五次联席会上，投运总指挥部要求，AOC/ITC 等保障项目要抓紧推进；在同天召开的首都机场集团大兴机场工作委员会第 40 次会上进一步部署，后续要根据主体工程实际进展及"6·30 竣工"节点要求，梳理完善验收项目清单；大兴机场管理中心要在实践中完善 AOC 方案，在完善方案中实践，将大兴机场 AOC 打造成为行业标杆。

二是实施滚动督导。4 月 28 日投运总指挥部领导深入现场了解土建进度实际情况；5 月 26 日再次赴现场督导，同时重点关注设备进场及安装调试，要求提前筹备联调联试相关工作。5 月 28 日，投运总指挥部在第六次联席会上再次部署，加快推进工程验收，竣工一项，验收一项，为投运工作争取更多时间。期间，北京新机场建设指挥部、大兴机场管理中心迅速联动，北京新机场建设指挥部增加施工人员，抢抓土建及装修施工进度，先行保障电缆管线的敷设工作；大兴机场管理中心提前采购所需机电设备，调试实验室环境，待管线敷设后即开展接通调试，尽可能缩短现场设备调试时间。AOC/ITC 于 2019 年 6 月 14 日完成竣工验收，提前圆满完成既定目标，为开展后续工作打下了坚实基础。

（2）人防工程

大兴机场人防工程位于航站楼北侧核心区地下，其下方有地铁大兴机场线、京雄城际、廊涿城际线路途经直达航站楼核心区，为旅客提供便捷的空地换乘体验；上方布设相关市政管线，为配套核心区、东航核心区、南航核心区等项目提供能源保障。人防工程直接影响大兴机场开航保障项目运行，以及航站楼前市政道路、景观绿化工作开展。

按照民航局和投运总指挥部的部署要求，经与投运总指挥部总进度管控课题组对接发现，人防工程预计 2019 年 9 月才能完成。

为此，投运总指挥部领导两次现场督导进展，一是 5 月 12 日，赴大兴机场现场专项调研航站楼北人防工程进度，详细询问工程进展情况，要求北京新机场建设指挥部在现有条件下合理安排施工工序，抢抓工程进度，按照民航局管控要求编制的专项计划严格落实。北京新机场建设指挥部立即行动，按照交叉施工专项计划，与施工单位协商合理抢工措施，取消常规流水作业程序，混凝土模板全部一次性使用、不再周转、缩短工期；安排工人倒班制度，24 小时开展施工作业；与东航、南航等建设主体单位积极对接，召开多次协调会议，商讨市政管线迁改及能源接入时间节点，在保证人防工程施工进度的同时，不影响周边项目的能源接入及竣工验收。二是 6 月 9 日，投运总指挥部领导再次前往现场调研人防工程进度，重点了解市政管网接驳及后续计划，对人防工程能够在"6·30"赶工完成主体结构、进而保证周边配套项目市政能源供应给予充分肯定，同时进一步要求做好下阶段地上道路敷设及景观绿化工作，确保完成开航投运目标。最终，人防工程主体结构较原计划提前 3 个月全部完成；同时确保了上方市政管线及时接驳，为东航、南航相关项目顺利完成竣工验收创造了有利条件。

3）加快配套工程

（1）场外 110 kV 双方向电源

大兴机场场内设有 2 座 110 kV 变电站,是航站区、飞行区、工作区的重要电力保障设施。根据北京电力公司规划,此 2 座变电站与上游 2 座 220 kV 站形成"张家务220 kV 变电站—机场1♯中心变电站—机场2♯中心变电站—杨各庄220 kV 变电站"的双环网接线方式,以保障大兴机场供电安全,是大兴机场未来平稳运行的基本前提。

投运总指挥部领导十分关注此项目进展,深入现场发现问题、协调各方推动落实。7 月 18 日,在民航局和北京市"一对一"专题会上,沟通北京市进一步协调解决,确保 8 月底前完成电缆敷设及送电任务。北京市领导安排大兴区政府统筹协调,确保8月底前实现送电任务,确保大兴机场顺利开航。经过反复沟通协调,此项目明确了责任单位与完成时间,陆续按期完成了管廊结构施工、缆敷设及双向电源送电等节点任务。

（2）空管工程

按照 2014 年 11 月国家发改委批复北京新机场工程可行性研究报告（其中包括机场工程、空管工程、供油工程等）。空管工程是大兴机场的重要组成部分,将直接关系到大兴机场安全、高效、顺畅运行。

投运总指挥部领导从全局出发,现场督导施工进展情况。4 月 28 日,赴空管核心区专题调研,了解综合业务楼建设进展情况,要求加大投入施工力量,尽快完成外立面施工,确保大兴机场顺利开航。空管指挥部从大局出发,全力加强施工力量,于 7 月 13 日完成外立面施工,确保了大兴机场开航整体形象。

6.7.2 "6·30竣工"目标基本实现

根据 2019 年 6 月大兴机场建设及运营筹备总进度综合管控月报,截至 2019 年 6 月,"6·30竣工"目标得到了基本实现。大兴机场主体,航站楼、停车楼、飞行区工程第一批及第二批和综合配套 15 项工程项目竣工验收顺利完成。

竣工范围涵盖了外围配套部分（图 6.8）及民航配套部分（图 6.9）。民航配套部分包括东航负责的地面服务区、航空食品区、核心区、生活区、机务区与货运区;南航负责的单身倒班宿舍项目、国际货运站、国内货运站、机务维修设施项目、航空食品设施项目、车辆维修及勤务区、运控中心、机务出勤楼、综合业务、机组过夜用房;空管负责的导航工程、场监雷达系统、西塔台工程、气象自动观测系统、终端区管制中心工程;航油负责的津京输油管线、机坪加油管线、综合生产调度中心、机场油库、航空加油站、地面加油站。外围配套部分包括供气工程、外围综合管廊工程、场内供电设施工程、东西 110 kV 输变电工程及供水干线工程,6月当月完成轨道交通大兴机场线工程、航站楼边检专业设备和系统、航站楼海关专业设备和系统、海关综合楼项目、大兴机场高速公路工程、大兴机场北线高速公路工程。

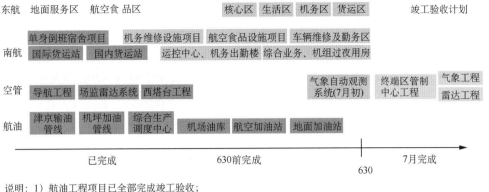

说明：1）航油工程项目已全部完成竣工验收；
　　　2）实际预计情况与竣工验收计划基本一致。

图 6.8　竣工目标完成情况——外围配套部分

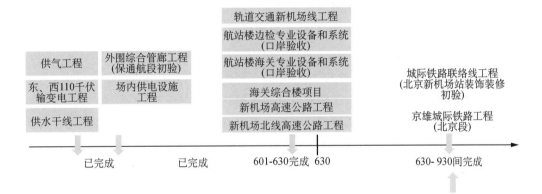

图 6.9　竣工目标完成情况——民航配套部分

"6·30竣工"不仅是目标的实现，更是大兴机场全面转向"9·30前投运"目标的重要过渡期。总进度管控课题组在月报中指出，各单位和部门仍需要做好相关验收后的整改工作，加大成品保护和安保工作，确保胜利成果得到巩固。强调工作的中心要从工程建设全面转入运营，为大兴机场总进度综合管控作出了正确的指引方向。

6.8　北京大兴国际机场运营准备阶段

虽然大兴机场取得了"6·30竣工"的重大突破，但仍有收尾工作需要进行，包括建设扫尾工作、验收整改工作、移交接收工作、联调联试工作等。

6.8.1　运营准备阶段仍需解决的问题

1）建设扫尾工作

根据月报及现场巡查后，发现建设方面仍存在部分问题如下：

（1）机场用地手续办理尚未全部完成。

（2）航站楼北人防工程建设工期紧等。

2）验收整改工作

据《北京大兴国际机场建设及运营筹备总进度综合管控月报（2019 年 7 月）》第六部分近期重点所阐述，距离"9·30 前投运"的目标只剩两个月，后续运营筹备工作安排紧密，验收整改时间短暂。所有建设单位与参建单位对此给予了高度关注，确保验收整改工作能够优质安全高效地完成。

2019 年 8 月，开航时间临近，各项运筹准备工作还在不断持续推进。8 月 30 日，大兴机场完成了行业验收总验和许可审查终审，综合模拟演练也已接近尾声，为保障机场高效运转，针对存在的问题持续落实整改工作。一方面按照行业验收终验和使用许可终审的要求，对发现的需开航前整改完成的问题，列出清单、建立台账、逐一销号，做好验后整改工作。另一方面对照综合演练梳理出的安全、运行、服务三方面的问题，逐一排查整改，确保高标准、高质量、高效率地完成。

3）联调联试工作

据《北京大兴国际机场建设及运营筹备总进度综合管控月报（2019 年 7 月）》，前期的建设工作已经对联调联试工作的时间造成挤压，验收前的联调联试时间比较短，因此大量的联调联试工作已调整至竣工验收后及演练期间。同时需要特别重视后期的联调联试工作，及时发现设备、人员、系统、流程上的问题并整改优化。为了保证 9 月 15 日前具备投用条件，必须抓紧创造全面联调的条件，尽快连通与机场投运相关的各种系统。

根据《关于 2019 年 8 月北京大兴国际机场建设及运营筹备总进度月度联合巡查报告》《北京大兴国际机场建设及运营筹备总进度综合管控月报（2019 年 8 月）》，8 月 30 日，开航时间临近，各项运筹准备工作还需继续推进，需进一步对行李与信息系统、机场网络、系统接入 AOC 等继续开展后期联调联试。人员方面要继续加强实操培训，提高对业务流程、现场环境和设备的熟练度。此外，中联航转场也要继续高度关注，要进一步与机场等单位对接，细化转场工作方案和预案，扎实做好空中机组培训、地面勤务保障能力建设、与机场协同一致等重点工作，实现安全、有序、顺畅转场。

4）管控日报

2019 年 8 月，距离大兴机场"9·30 前投运"的时间越来越近，已经进入了全面攻坚阶段。根据民航领导小组办公室发布《关于按日报送总进度综合管控节点完成情况的通知》，总进度管控课题组按照"零报告制度"要求，从 2019 年 8 月 8 日收集管控节点信息形成当日报告，及时跟踪工程的最新进度。将大兴机场建设及运筹总进度管控分为剩余动拆迁与剩余前期报批工作节点、建设、验收移交以及运营筹备四个阶段，并明确每个阶段的各个工程投资主体及相应的负责区域与节点，每天跟进各个节点当日的完成百分比并记录在案。"零报告制度"，就是从初次上报报表到本次上报报表之间的时段内,即使没有出现新情况,也要将报表填上"0"上报。上报报表的时间和时间间隔是上级规定的,目的是为了掌握某时段内的最新情况。

通过各级领导参与管控,建设及运营筹备单位人员的奋力拼搏,关键节点任务均按时或完成纠偏,重大进度风险得到消除或有效降低,为胜利开航提供了强而有力的保障。

6.8.2　开航的保障工作

为了全面贯彻落实民航局"四型机场"等重要指示要求,重点围绕优化开航流程、完善能源设施、确保安全投运、提升旅客体验、加强员工保障,首都机场集团先后调研试飞保障及首航流程、环境整治重点区域、航站楼商业设施准备、行李系统等 30 余项重大事项,圆满完成校飞试飞、第一次综合演练等关键任务,全力保障大兴机场在 9 月 15 日前具备开航条件。主要包括以下几方面。

1）优化开航流程

（1）航空器流程

大兴机场航空器流程,是指在大兴机场范围内,为确保航空器安全高效运转,保证航班正点运行,由不同人员、单位分别动作共同完成的一系列活动。航空器流程是机场最核心的流程,是机场正常运行的前提。按照相关规定,飞行程序、通信导航设施、助航灯光等作为航空器起降流程的关键,需在开航前通过校飞、试飞进行验证。

按照大兴机场总进度综合管控计划,大兴机场需在 2019 年 5 月完成试飞工作。投运总指挥部高度重视并多次调度,要求通过全力保障试飞工作,进一步优化航空器流程,完善飞行程序批复和相关行业验收前置条件,确保大兴机场顺利开航。

为了保障大兴机场顺利开航,首都机场集团采取了五大重要措施。一是在首都机场集团大兴机场工作委员会第 39 次会上,研究试飞保障方案,包括近、远机位保障方案、进展情况以及各专业公司需开展的具体工作。会议要求,要进一步强化组织保障,成立大兴机场试飞工作领导小组;大兴机场管理中心要精心组织筹备,保证试飞工作圆满完成。

二是在投运总指挥部第四次联席会上再次强调了试飞工作的重要性,要求各保障单位齐心协力共同完成,同时请北京、河北两地机场办推动在真机试飞前公布净空保护区范围,并建立净空保护区管控机制。

三是 4 月 7 日,督导试飞保障工作进展,现场详细询问各保障单位推进情况以及需要协调解决的问题,要求大兴机场管理中心遵照民航局相关指示,推动落实试飞方案,确保 5 月份开展真机试飞工作。

四是 5 月 10 日,在首都机场集团大兴机场工作委员会第 41 次会上,再次研究试飞保障准备相关情况,包括详细试飞整体安排、地面运行方案、试飞活动方案及综合服务保障方案等。会议要求,要高度重视试飞保障;抓好试飞组织保障,要不断完善并严格落实试飞保障方案,做好消防、急救等应急保障准备工作,制订完善的应急预案,确保万无一失。

五是 5 月 12 日,在试飞前夕,再次赴现场调研试飞保障准备情况,按照试飞流程督导每一项流程、每一项工作、每一个点位,再次强调了切实保障安全工作,严格按照既定方案抓好落实。

通过统筹推进,5 月 13 日,大兴机场圆满完成飞行程序,试飞成功,进一步优化了航空器流程,进一步推动了大兴机场工作重心由基础设施建设转向准备投运通航,取得重大里程碑进展。

(2)行李系统

行李系统是机场"八大流程"中的重要一环,该系统的投运准备及联调联试情况,将直接决定大兴机场在 9 月 30 日前是否能具备投运条件,同时行李系统的运行情况还直接影响着大兴机场未来运行效率和服务品质。

为此,投运总指挥部领导专题调度行李系统建设及运营筹备工作。

一是 2019 年 6 月 30 日,在大兴机场圆满完成主体工程竣工验收之际,赴现场督导行李系统调试、行李中转流程设计等事宜,密切关注进展情况。

二是 2019 年 7 月 11 日,投运总指挥部组织大兴机场管理中心、贵宾公司、博维公司、安保公司,共同研讨行李安检开包流程、贵宾行李流程及中转流程服务情况,带领各单位分析伦敦、香港等机场行李系统开航保障经验教训,以及国内同类行李系统投运措施,研讨行李安检开包瓶颈问题、中转行李流程等,要求将行李安检开包流程作为综合演练中的重点事项、重点关注,在演练中充分识别问题;由大兴机场管理中心和安保公司同步研究行李后台强制开包流程的具体方案和预案;大兴机场要将中转作为核心竞争力,务必要保证行李流程的高效,提高中转效率,提升旅客服务水平,打造中转品牌。2019 年 7 月 19 日,大兴机场开展首次综合演练,重点增加旅客行李安检开包演练科目,将会议研讨的桌面方案转变为演练中的实践项目,进一步聚焦问题,从现场要答案,促进问题解决。

三是 2019 年 8 月 2 日,第二次综合演练采用新流程再次检视行李系统,并同步向民航局报告。结合七次综合演练情况,首都机场集团组织各所属单位充分挖掘行李安检开包流程,穷尽一切问题、全面梳理问题、全面分析问题、全面采取措施,把意料之外变为意料之中,防患于未然,确保万无一失。

2)确保安全投运

(1)场内外环境整治

大兴机场是人民群众高度期待和关注的项目。落实大兴机场环境整治任务、提升区域环境质量,是全力实现"四个工程"及"四型机场"建设目标的重要抓手。在机场内外众多建设项目陆续竣工验收之际,如何将一个超过 27 平方公里的"大工地"整体迅速转换为新时代的美丽机场成为重要的考验。

自 4 月以来，投运总指挥部领导先后实施了六次专项督导，一是在投运总指挥部第六、七次联席会上分别审议大兴机场环境整治相关议题，明确由投运总指挥部负责统筹和领导大兴机场红线内环境整治工作，协同京冀两地政府开展红线周边环境整治工作；相关责任单位要根据任务分解和阶段进度要求细化形成各自的实施方案，投运总指挥部联合办公室和执行办公室要形成任务清单，定期督查，确保落实，并将此项工作纳入总管控计划统一管理。

二是促进场外工程协同实施环境整治。2019 年 7 月 18 日，在民航局与北京市"一对一"专题会上，投运总指挥部提请北京市领导协调大兴机场红线外轨道工程等建设主体单位，协同做好大兴机场周边的土方清理、垃圾清运、绿化美化等环境整治工作，真正实现"穿过森林去机场"的大绿大美景观；对此，北京市相关单位进一步加大工作力度，推进垃圾清运、平原造林等环境整治工作，治理轨道工程周边区域环境。

三是督导场内工程细化落实环境整治。2019 年 7 月 21 日，现场逐个督导核心工作区、飞行区、东航、南航、空管等 18 个地块的环境整治工作，组织各分指挥部、各总包单位召开现场专题会，研究形成环境整治任务清单，明确各地块目标任务和完成时限。会议要求，要高度重视，克服一切困难，务必完成环境整治提升工作，全力确保"四个工程"及"四型机场"建设目标；北京新机场建设指挥部要切实统筹好全场环境整治和提升工作，各建设指挥部作为各自项目的主责单位，要严格落实环境整治各项要求，最终呈现全场协调统一的整体效果；各总包单位要严格按照时限和要求完成全场整治任务，北京新机场建设指挥部要实时跟踪各单位进展情况，投运总指挥部不定期开展巡查督导。

在强有力的督导下，场内外各单位按期完成临建拆除、地块平整、建筑垃圾外运及绿化美化等系列工作，确保在 9 月 30 日前向广大旅客呈现良好效果。

（2）防汛工作

2019 年，在大兴机场整体工程基本建成之际，气象局预测北京将多有局地性和短时雨强大的极端降水天气。由于大兴机场硬化面积大，雨水下渗量少，地表径流增大，易形成城市洪涝，同时汛期与工程交付过程交叉。因此做好防汛工作对于大兴机场抢抓工期、确保安全、加快运筹、确保投运以及未来旅客在雨季高效、安全、顺畅抵离机场，具有极其重要的作用。

为此，投运总指挥部领导多次督导防汛工作。一是 5 月 19 日，在北京地区即将进入汛期之前提前谋划、现场督导大兴机场防汛工作，重点调研机场排水明渠（A 段）、N1 调节池、蓄滞洪区等，现场检验工作进展情况。

二是 5 月 26 日，在暴雨天再次深入现场，对大兴机场防汛工作检查。

三是 5 月 28 日，在投运总指挥部第六次联席会及首都机场集团大兴机场工作委员会第 42 次会上，投运总指挥部指出各单位要坚持安全隐患零容忍，闭环开展安全隐患排

查治理,严防死守,整改问题,夯实防汛安全基础,确保防汛工作万无一失。大兴机场管理中心针对防汛问题,建立了对外联动的组织架构,并完善运营期防汛工作方案和应急预案;各建设主体单位分别建立健全了各自防汛体系并制订防汛工作方案和应急预案,主汛期前对接北京新机场建设指挥部,主汛期后对接大兴机场管理中心,已建成工程及时接入了机场排水管网。经过北京市雨季的多次考验,大兴机场防汛工作已基本部署到位,能够满足机场安全运行需求。

3)完善能源设施

制冷站位于大兴机场航站楼北侧停车楼 B2 层,是供应楼内能源的重要设施,共设置 14 台 2 000 冷吨的冷冻机组,总装机容量 28 000 冷吨。制冷站不仅直接影响楼内空调安装、调试工程进度,同时也是保证大兴机场启用仪式的先决条件之一。

为此,投运总指挥部领导加强现场协调,一是 5 月 26 日,赴现场专项调研,询问制冷站建设进展,要求加快周边市政主要管网的建设,尽早保证正式用电、接入给水管线;施工单位做好应对措施,充分考虑不利因素,做好替代措施,切实保障航站楼供冷工作。北京新机场建设指挥部迅速落实,推动场区变电站及供电线路敷设工作,优先保障将正式电源接入制冷站;加快供水管线的敷设,并协调北京自来水公司供水事宜。

二是 6 月 2 日,投运总指挥部领导再次现场督导进展,在调研航站楼周边市政设施建设期间,专项检查制冷站的相关情况,经现场协调,实现一路正式供电优先接入、正式供应施工用水。

制冷站于 2019 年 6 月 28 日完成竣工验收并实现安全平稳运行,为保障大兴机场航站楼顺利投运奠定了良好基础。

4)机场快线草桥站空铁联运

投运总指挥部领导积极研究提升大兴机场空铁联运服务能力。5 月 28 日,首都机场集团大兴机场工作委员会第 42 次会议决定,全力推动大兴机场线草桥站空铁联运建设,确保大兴机场投运时,大兴机场线草桥站空铁联运设施能够同步启用。在投运总指挥部的带领下,在草桥站运营过程中集体摸索、积累经验,为后续丽泽城市航站楼建设及运营工作打好基础。

7 月 24 日,投运总指挥部领导赴大兴机场快线草桥站现场调研大兴机场快线草桥站城市值机功能、行李托运系统建设以及业务运行流程等情况;专题研究城市值机功能、行李托运系统方案和建设、安检和地服准备情况。要求各单位共同责任和共同担当。在投运总指挥部的指示下,机场、航空公司、北京城市铁建等各相关单位、部门密切配合,大力支持响应号召。最终,大兴机场快线草桥站城市值机和行李托运功能按照民航局要求,实现了开航同步投用。

6.8.3 综合演练的计划、安排与执行

大兴机场综合演练是为确保机场顺利正常运营而开展的各项筹划与准备工作。

2019年4月16日,民航领导小组第四次会议提出了综合演练要求:一是通过演练最大限度地发现问题,并对存在的问题及时进行化解;二是在正式演练之前,要开展投运推演,进一步做好风险研判,深化细化优化投运方案,做好投运的各项准备,确保大兴机场顺利投运。

在《演练总体要求与目标》的指引下,大兴机场投运综合演练前后共开展七次。这七次综合演练时间分别为2019年7月19日、2019年8月2日、2019年8月16日、2019年8月23日、2019年8月30日、2019年9月6日、2019年9月17日。

1) 演练前期总体设计

(1) 综合演练设计目的与原则

2019年5月,大兴机场组织汇报了大兴机场综合演练实施方案,根据相关汇报文件,汇报明确了综合演练的要求与目的,指出综合演练是高度仿真贴合实际,并逐次提升压力测试,正常与应急相结合的一种模式,其主旨重在发现问题、解决问题,必须要以投运方案为牵引、以发现问题并解决为导向。

从2019年5月大兴机场综合演练实施方案汇报时间起至2019年6月30日为备战阶段,这一阶段,综合演练以"四个到位"为总目标,分别为人员招聘及培训考核到位、设备设施及资源培训到位、标准合约及程序方案到位、风险防控及应急机制到位;临战阶段为2019年7月1日至9月6日,以"四个检验"为总体演练目的:检验设备有效性、检验流程顺畅性、检验程序适用性以及检验人员熟知度;自2019年9月7日起,为大兴机场投运决战阶段,综合演练目的以四个强化为主:强化安全管控、强化运行效率、强化服务品质以及强化协同联动。

(2) 参演单位及演练指挥部机构

根据2019年5月大兴机场综合演练实施方案汇报,综合演练参与的单位包括6家地方支持单位、6家航空公司、17家首都机场集团所属单位、5家驻场保障单位以及2家联检单位。其中6家地方支持单位包括北京市新机场办、北京市交通委、新机场大兴区筹备办、廊坊市新机场办、机场高速、北京武警总队;6家航空公司包括东航、南航、国航、中联航、河北航、首都航;首都机场集团17家所属单位包括北京新机场建设指挥部、大兴机场管理中心、首都机场公安局、机场医院、货运办、旅业公司、贵宾公司、商贸公司、广告公司、餐饮公司、博维公司、首新地服、物业公司、配餐公司、动力能源公司、安保公司、机场巴士公司;5家驻场保障单位包括华北空管局、中航油、中航信、首中停车、新机务公司;联检单位2家包括北京海关、北京边检。

单项演练由各单位进行现场指挥,专项演练由各专项组进行现场指挥,综合演练当日成立演练现场指挥部,各组指派专人赴大兴机场运行指挥中心会商室参与联席指挥。投运总指挥部投运演练领导小组下设执行办公室,对不同区块的演练针对性把控,其具体组织结构如图6.10所示。

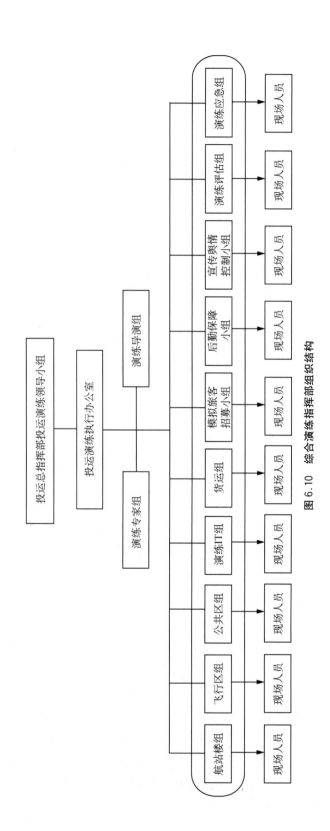

图 6.10　综合演练指挥部组织结构

2）演练流程控制

根据大兴机场七次综合演练实施方案,演练流程控制主要分为演练条件确认、演练开始、演练中止及演练结束四个环节(图 6.11)。

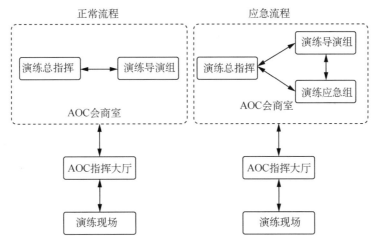

图 6.11　演练流程控制图

（1）演练条件确认

逐一确认各单位演练设备系统、人员物资到位情况。

（2）演练开始

演练当日由演练总指挥下达演练开始指令,各单位依照总指挥指令,结合演练脚本开展演练。

（3）演练中止

演练中如遇突发事件而影响整体演练进程时,导演组必须及时上报演练指挥部,经演练指挥部协商后,由演练总指挥下达演练继续或中止演练的指令。各单位依照总指挥指令中止演练并转入各自应急处置程序。

（4）演练结束

演练当日由演练总指挥下达演练结束指令,各单位依照总指挥指令结束当日演练。

3）演练会议机制

演练的前一周由导演组组织所有参演单位进行桌面推演会,桌面推演会要让各参与单位熟悉演练方案与演练脚本,在演练前一日下午 2 点召开演练部署会,对准备情况进行确认,明确演练注意事项并就相关的演练问题进行协调。在演练结束当日,由各专项组组织组内参演单位、导演组组织各专项组,对演练中出现的问题进行汇总讲评并提出整改主体及对应时限。演练结束后第三天,由导演组组织所有参演单位进行评估结果汇报,演练结束后第五天,由导演组组织问题涉及的单位,并汇报整改结果以及下一次演练时的调整措施。如图 6.12 所示。

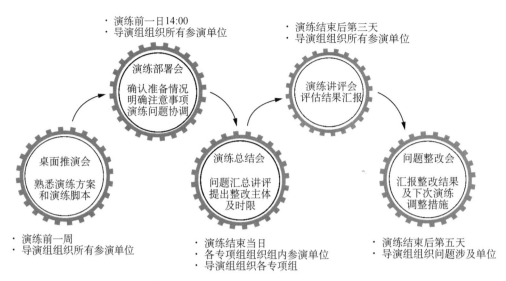

图 6.12 综合演练会议机制(北京大兴国际机场综合演练实施方案汇报(2019.05))

综合演练的目的在于提前发现机场正式投运时可能存在的问题并且及时对其纠正。从安全、运行与服务三个方面制订了综合演练评估方案,根据不同功能区块有针对性地制订综合演练方案,并针对不同子流程,如航空器流、人员流、行李流等设置不同的演练科目,为降低演练过程中发生异常事件的可能性,减小异常事件的后果严重程度,每一次综合演练前,根据具体的演练科目,综合运用座谈、研讨、头脑风暴等方法,从八大流程、能源保障、演练环境和社会舆情四个维度,识别了与演练相关的风险源,对每一次的综合演练进行评估总结。在综合演练过程中,要在演练过程中发现问题,并针对性地调整优化。对会影响后期的关键工作进行重点管控,督促密切相关单位之间做好配合及协调工作。

以海关为例,根据《第三次综合演练海关反馈问题列表》(表 6.8),问题根据信息流、数据流、行李流、物料流、交通流等分类,涉及类别包括设备设施、人员操作、信息系统、标志标识、程序方案等。反馈问题列表所呈现的信息包括对问题的分级、分类、提出单位、提出日期以及相应的问题照片、问题详细描述等。

6.8.4 投运前的月中联合巡查

在大兴机场正式投运前,总进度管控课题组会同大兴机场相关单位定于在 2019 年 9 月 14—15 日开展最后一次联合巡查。相应的巡查准备、巡查路线和计划、巡查内容复核等工作在 9 月 14 日前已确定。9 月 14 日上午,由大兴机场管理中心管控专员与总进度管控课题组共同对运营筹备相关节点进行现场复核,现场巡查了飞行区管理部、航站楼管理部、运行管理部、安全质量部等 8 个部门。下午对大兴机场管理中心的其他部门进行现场巡查。9 月 15 日全天,由投运总指挥部、大兴机场管控专员、东航注释：1."涉及流程"下拉选项中包括：航空器流、人员流、行李流、货物流、物料流、交通流、信息流（主要指生产运行信息传递方面，信息系统类问题属于数据流）、数据流；

2."具体涉及类别"下拉选项中包括：设备设施、人员操作、信息系统、标志标识、程序方案、应急预案、网络信号、其他。

表 6.8　第三次综合演练问题反馈列表（海关）（部分）

序号	类别	分级	涉及流程	具体分类	提出单位	提出日期（格式按照范例，××××年×月×日）	问题照片（尽量匹配问题照片，问题照片随问题单元格改设置随单元格变位置和大小）	问题所在区域（飞行区、航站楼、公共区、AOC、货运区）	管理中心对接部门（各单位根据了解）	问题主责部门/单位	整改措施及整改计划	完成时限（格式按照范例，××××年×月×日）	当前进展	是否完成（下拉选择）
1	运行	一级	数据流	信息系统	海关	2019 年 8 月 16 日		货运区	信息管理部	管理中心、指挥部				
2	运行	一级	信息流	网络信号	海关	2019 年 8 月 16 日		货运区	信息管理部					
3	运行	一级	行李流	信息系统	海关	2019 年 8 月 16 日		航站楼	航站楼管理部					
4	运行	一级	行李流	信息系统	海关	2019 年 8 月 16 日		航站楼	航站楼管理部					
5	运行	一级	行李流	程序方案	海关	2019 年 8 月 16 日		航站楼	航站楼管理部					
6	运行	一级	人员流	程序方案	海关	2019 年 8 月 16 日		航站楼	航站楼管理部					

管控专员、南航管控专员、总进度管控课题组共同对工地进行现场复核。

通过本次月中联合巡查,发现大兴机场建设及运营筹备总进度综合管控计划 2019 年 9 月共剩余 50 个节点。通过对剩余节点的分析,确定所有影响开航的关键性控制节点预计均能在投运前完成,各项工作仍然保持着奋力拼搏的劲头,稳步扎实地向高品质开航和运营迈进。

大兴机场的顺利建成并按期投入营运,刷新了中国速度,创造了世界奇迹。通过强有力的管控和多方单位的共同努力,确保了大兴机场按时高质量投运。在新中国成立 70 周年之际,大兴机场投运仪式于 2019 年 9 月 25 日上午在北京举行。中共中央总书记、国家主席、中央军委主席习近平出席仪式并宣布:"北京大兴国际机场正式投运!"

习近平总书记强调,大兴机场能够在不到 5 年的时间里就完成预定的建设任务,顺利投入运营,充分展现了中国工程建筑的雄厚实力,充分体现了中国精神和中国力量,充分体现了中国共产党领导和我国社会主义制度能够集中力量办大事的政治优势。

6.9　小结

大兴机场建设是典型的重大基础设施复杂工程,具有组织和管理上的挑战性。在大兴机场总进度综合管控的过程中,充分开创了重大工程总进度综合管控创新技术,包括大型机场工程总进度综合管控组织机制设计技术、大型民用机场动态监测与目标跟踪技术、进度风险动态评估、预警与控制技术。

1) 大兴机场工程总进度综合管控组织机制设计

为进一步加强总进度综合管控工作,大兴机场针对工程进度实情,设计了大兴机场工程总进度综合管控组织机制,如管控专班。自 2019 年开始,大兴机场各建设及运营筹备单位安排至少 2 名熟悉内外部情况,且具有较强协调能力的管控专员(互为备份)负责总进度综合管控对接工作。管控专班的成立保证了专人应对专项工作,避免以往人员每次对接都要额外花费时间熟悉或直接一概而过完成对接,从而对未来运营造成影响的问题。

2) 大兴机场动态监测与目标跟踪

在总进度综合管控中,大兴机场开创性地构建了进度动态监测和目标跟踪机制。总进度管控课题组通过每月的定期现场巡查、部门谈话,对比当前实际工程进度与总进度综合管控计划,揭示建设与运筹工作中的滞后问题并采取相应的纠偏措施,并及时跟进,保证了大兴机场总进度管控工作的顺利进行。

自管控专班成立后,在民航领导小组办公室、投运总指挥部、协调督导组的领导下,形成了以总进度管控课题组为实施主体,会同其他相关单位的进度联合巡查机制,定期联合对重点项目进行进度巡查,确保了问题发现的及时性与目标跟踪的精确性。

大兴机场总进度综合管控工作实施了"零报告制度",及时跟踪工程的最新进度。从初次上报报表到本次上报报表之间的时段内,即使管控工作没有出现新情况,也要将报表填上"0"上报,从而对某时段内的最新情况精确监测,进度风险得到消除或有效降低。

3)进度风险动态评估、预警与控制——"红黄灯制度"

为了直观反映总进度综合管控中的滞后工作,大兴机场开创了红黄灯制度,即采用红、黄、绿三种颜色标记滞后工作风险。单个预警灯表示该项工作当月完成的风险大小。预警灯两两组合代表了当前节点的状态以及本月完成的可能性大小。

红黄灯制度的应用提高了总进度综合管控工作的效率,对当前总进度综合管控进度风险做到了动态评估,直观地反映了滞后工作完成的紧急程度与当月可完成的可能性大小,并针对相应的滞后工作采取纠偏手段,为总进度综合管控的进程提供了有力、有效的帮助。

第 7 章
北京大兴国际机场总进度综合管控机制

总进度综合管控机制是机场工程总进度综合管控系统实施运作并发挥预期功能的保障。总进度综合管控机制的建立，一靠体制，即组织职能和责权的调整与配置；二靠法制，广义上讲包括法律法规以及组织内部的规章制度等。各类管控机制构成规范化的机场工程总进度综合管控保障体系。良好的机制能够使得一个组织系统接近于自适应系统，即在外部条件发生变化时，系统能迅速作出反应，调整原定的策略与措施，实现目标优化的目的。

大兴机场总进度综合管控机制是要保持总体进度稳定推进，促进各投资主体、各区域之间相互协调、科学化长期运行，并贯穿于整个总进度综合管控过程。

大兴机场总进度综合管控机制主要包括总进度综合管控领导组织机制、多级管控专班与专员机制、总进度综合管控巡查机制、总进度综合管控督查督办机制、总进度综合管控问责机制、总进度综合管控专家会诊机制、总进度综合管控考评机制等。

7.1 总进度综合管控机制理念

7.1.1 总进度综合管控目标导向

大兴机场总进度综合管控机制的构建必须以总进度目标为导向，切实保障总进度综合管控工作的实施运作，从而正确引导大兴机场工程建设与运营筹备各单位和部门的行为，实现机场工程的总进度目标。

为保证总进度综合管控目标的实现，大兴机场总进度综合管控的核心导向是机场工程总进度目标，关键性控制节点为总进度综合管控的阶段目标。

1）总体进度目标

总进度目标是指机场工程建设完成后正式投入运营的时间点。北京大兴国际机场的所有管控规划都是围绕 2019 年 6 月 30 日竣工、9 月 30 日前投运的目标而进行的,《综合管控计划》覆盖了所有参与大兴机场建设及运营筹备的单位和事项。

2）关键性控制节点

为了能够对总体进度目标精准管控,总进度管控课题组对总进度目标进行了细化,从3万余项工作中通过关键线路法、经验法和比较法等梳理出16条关键线,提取了"366＋8"个关键性控制节点,随后不断优化形成总进度综合管控计划最终版。大兴机场总进度综合管控机制在实施过程中以关键性控制节点为阶段目标导向,适时进行动态调整。

7.1.2 综合管控多级分层机制

机场工程建设与运营筹备参与单位和部门众多,为保障总进度综合管控工作高效开展应按机场工程复杂性特征将总进度综合管控分层次降解形成多级机制。

机场工程通常由机场主体工程、民航配套工程和场外配套工程等组成,各类工程项目群又由相应的项目所构成,机场工程项目群总进度目标跟踪控制管理组织中,各个参与方应按进度计划体系中的相应平面和层级开展各自的进度跟踪控制工作。

7.1.3 基于建设运筹一体化理论

机场建设是为运营服务的,运营需求的复杂也决定了工程的复杂性,大兴机场建设以运营为导向,以满足高质量的运营为要求,展开建设筹备总进度综合管控工作。总进度综合管控机制的建立,充分实践了建设运筹一体化理论。

大兴机场的总进度综合管控保障体系基于建设运筹一体化理论,构建了合理高效的总进度综合管控系统结构及其运行机制,形成了多层级多维度的机场工程总进度综合管控保障体系。

7.2 总进度目标分层级管控机制

总进度综合管控机制是机场工程项目总进度综合管控工作实施运作的保障。根据大兴机场工程特点,按照建设和运营筹备组织层级,形成了多维度的总进度综合管控机制,具体可分为总进度综合管控组织机制和总进度综合管控执行机制两大类以及总进度综合管控信息集成中心。

7.2.1 总进度综合管控组织机制

大兴机场总进度综合管控组织机制包括总进度综合管控领导组织机制、多级管控专班与专员机制。

1）总进度综合管控领导组织机制

大兴机场总进度综合管控组织机制,包括综合管控领导决策机制、综合管控指挥调度机制、综合管控执行实施机制。

(1) 综合管控领导决策机制

大兴机场的总进度综合管控领导决策组织主要承担项目总进度综合管控的重大决策,如总进度综合管控工作领导和部署、总进度计划的发布、高层或重大问题协调和决策等。决策主体是大兴机场项目领导机构,如在国家层面成立了北京新机场建设领导小组;在行业层面民航局成立了民航北京新机场建设及运营筹备领导小组;在投资主体层面,首都机场集团成立了北京新机场建设指挥部,在项目可行性研究及论证阶段,主要负责北京新机场的征地拆迁问题与组织协调问题;在机场项目开工后,主要负责项目现场的管理规划与跨地区、跨部门的组织协调问题。

(2) 综合管控指挥调度机制

大兴机场总进度综合管控的指挥调度组织承担项目总进度综合管控的指挥调度,如按照总进度计划推进机场工程建设和运营筹备工作、总进度综合管控中各种资源的调动协调及纠偏责任落实等。例如为了确保大兴机场顺利按期投运,民航局研究决定成立投运总指挥部,负责统筹规划、组织实施大兴机场投运工作,收集整理大兴机场投运工作问题,并建立相应的问题库,及时沟通协调,研究解决等。

(3) 综合管控执行实施机制

大兴机场的管控执行实施组织主要负责总进度综合管控工作的具体执行和实施。实施主体是机场区域内外各项目的投资主体、建设(管理)单位、运营单位及相关部门的有机组合,如表7.1所示。

表 7.1　综合管控执行主体示例

投资主体	工程项目名称	建设(管理)单位	验收单位	运营筹备单位
首都机场集团	全场地基处理工程	北京新机场建设指挥部	北京新机场建设指挥部	北京新机场建设指挥部 首都机场集团运营筹备相关部门
	全场土方工程			
	全场雨水排水工程			
	飞行区工程			
	航站区工程			
	工作区工程			
	货运区等配套工程			
	新增立项工程			
	机场防洪工程	廊坊市水务局	廊坊市水务局	

2) 多级管控专班与专员机制

针对大兴机场工程的复杂性系统性特征,各层级工程建设与运营筹备参与单位和部门均设立了专门负责总进度综合管控工作的管控专班;管控专班中设立专门负责总进度综合管控工作信息沟通与协调的管控专员，构建了多层级的管控专班与管控专员机制。

管控专班与管控专员按区域或单位落实责任，层层分解。管控专员承担双向信息传递的职责。一方面，管控专员实时掌握进度状况，及时上报工程进展、存在的进度偏差、遇到的进度问题和风险等；另一方面，向工程项目实施主体及时传递总进度综合管控中发现的问题、相关信息、反馈意见和纠偏措施建议等。

基于责任的细化分解，在出现进度问题涉及多个实施主体时，相应单位或部门的管控专员先行沟通，协调问题和争端，并由管控专员推动落实和跟踪；对本层级难以协调的问题及时上报。

7.2.2 总进度综合管控执行机制

1）总进度综合管控巡查机制

大兴机场工程总进度综合管控巡查深入机场工程建设与运营筹备现场开展总进度计划执行情况和实际进展情况的巡视检查。

总进度综合管控巡查的形式分为一般巡查和联合巡查，一般巡查由总进度管控课题组自行开展的现场进度巡视检查，采取专项检查和随机抽查相结合的方式，了解掌握机场工程建设与运营筹备实施进展情况，发现存在的进度问题，分析判断可能存在的进度风险；联合巡查是由总进度管控课题组开展现场进度联合巡视检查，主要对各区域各工程的关键性控制节点及重点工作的实际完成情况加以巡查，重点是发现各区域或各工程界面之间存在的进度问题，分析判断可能存在的进度风险。

总进度管控课题组会同机场工程建设与运营筹备实施单位和部门进行现场进度联合巡查，对现场发现的问题处理如下：

现场发现的一般问题，当场协商解决，或相关单位、部门协商提出解决思路和办法，后续协调落实解决。

发现涉及重大或复杂性问题，现场难以解决的，及时上报机场工程的管理高层调度解决。

在事前了解分析相关资料，提前制订巡查路线和计划，落实联络人员做好相关准备，最后再开展总进度综合管控联合巡查。

2）总进度综合管控督导督办机制

在大兴机场工程的目标跟踪控制活动中，针对总进度计划执行中存在的进度问题，包括出现进度偏差、纠偏不力、存在不良行为等进行总进度综合管控督查督办。

督查方主要依据总进度综合管控信息、阶段性重点事项以及进度会议布置的工作任务等实施督查督办工作。

督查方根据总进度计划执行情况、进度管控工作质量、进度纠偏措施及其效果、督查督办事项落实等情况,采取提醒、谈话、整改通知单、通报批评等方式进行处理。

3）总进度综合管控问责机制

在大兴机场工程的目标跟踪控制活动中,对于发生进度偏差且纠偏不力、有不良行为且对总进度造成影响等情况进行问责。

在总进度目标跟踪控制活动中,对于故意虚假填报进度数据、故意曲解进度计划、故意隐瞒存在的进度问题、进度纠偏工作不落实等不良行为,总进度管控课题组在总进度综合管控报告中反映通报并及时报告总进度综合管控督查方,造成严重后果的应报告机场工程的管理高层。

对于不良行为,总进度综合管控督查方进行通报,若不良行为对机场工程总进度造成重大影响及严重后果的,应对不良行为主体(相关单位或部门)进行责任追究和处罚。

4）总进度综合管控专家会诊机制

在总进度综合管控过程中若遇到进度问题难以解决时,组织大兴机场工程建设与运营筹备所涉及的组织、技术、经济、管理等方面的专家进行会诊,就相关进度问题分析原因并提出对策建议,以及后续可能遇到的重大风险和难点进行研判预测。

专家会诊的形式分为三种:①根据提供的资料进行问题分析;②通过实地考察对进度问题进行判断;③安排会议进行进度问题研讨。专家会诊后汇总形成专家意见,由总进度管控课题组或相关单位和部门落实,并纳入了日常综合管控体系。

5）总进度综合管控考评机制

总进度综合管控考评建立在明确的总进度计划责任分配基础上。各参建单位编制各自的总进度计划,明确责任分配后,随即开展自身层级的进度管控工作。总进度管控课题组对总进度综合管控工作进行阶段性总结,对实施绩效进行测评。

总进度综合管控考评目的有:①指导相关单位和部门建立进度综合管控体系,提高自身进度综合管控水平;②在肯定进度综合管控工作成绩的同时,帮助相关单位和部门深化经验总结教训,从工作中不断学习和提升;③作为一种评价手段,可以作为经济奖罚的依据。

以总进度计划编制与节点完成情况为主要依据构建考评指标体系,确定考核评价方法、总进度综合管控考评方案。对总进度综合管控手段和方法进行有效性分析,总结经验并在后续综合管控工作中持续优化。

总进度管控课题组对执行方各自层级进度计划的编制与进度管控工作进行指导,并进行阶段性实施绩效测评。

（1）资料分析:要求相关单位提供资料,包括自身编制的进度计划、管控制度及方案、自身层级的管控成果等;对相关资料进行初步分析,为现场考评工作做好准备。

（2）现场考评:现场实地走访相关单位,对其进度计划的内容和执行、管控制度及方案的系统性和合理性、管控成果的全面性和有效性以及专项计划的完整性等进行现场考评打分,当面座谈并提供指导建议。对管控工作不全面、不深入、流于形式的单位,要求其修改完善相关内容,并提交进度管控组二次审核或多次审核。

(3)持续跟踪反馈:对相关单位修改后的进度计划、管控方案等资料进行二次或多次检查分析,并提供反馈意见,帮助改进。

(4)报告编制:完成所有单位考评工作后,对考评工作的过程、成果和无法解决的问题形成书面报告报送综合管控督查方和机场工程的管理高层。

6)总进度综合管控奖惩机制

针对大兴机场工程总进度综合管控建立了相应的奖惩机制,通过激励措施提升各参与单位和部门执行总进度计划和实施综合管控的主动性和积极性。

总进度综合管控奖惩机制与总进度综合管控考评机制对接,对按时完成总进度计划阶段目标和关键性控制节点的,给予经济奖励,对进度延误且纠偏不力的,给予经济处罚。

7)场外工程外部协调机制

机场工程涉及部分场外工程以及各类场外配套工程等的建设,与当地政府部门和相关建设单位建立高效的外部协调机制。

充分利用机场项目领导机构的协调力量,建立与地方政府以及其他外围配套工程建设管理单位跨区域跨部门的沟通协调机制,共同谋划解决工程进度难题,推进诸如征地拆迁、报批报建、场外交通、航线调整、净空保护、空域、噪声治理、电磁环境、光污染、鸟情等相关事项。

主动联系协调配合,通过定期通报和协商等方式,在相关部门和单位的理解与支持下,对存在的各类工程进度问题及时处理妥善解决,为工程的顺利开展创造条件。

8)地方运营管理专班机制

北京市新机场办牵头组建六个工作组,统筹做好大兴机场通航前的运营筹备属地服务工作,与民航建立"一对一"专项协调机制,安排专人驻场服务。由此各建设和运营筹备主体单位积极对接大兴机场地方运营管理专班(图7.1),抓住北京市主动服务、上门服务的契机,积极推动解决建设、验收、投运准备活动中需政府部门解决的事项,为建设期与运营期的过渡打下了重要的基础。

7.3 小结

1)分层级分模块的总进度目标管控机制

在大兴机场总进度综合管控工作中,为实现总进度综合管控目标的达成,构建了分层级的总进度目标管控机制。

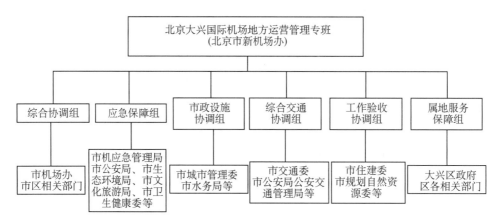

图 7.1　北京大兴国际机场地方运营管理专班

以总体进度目标为指引,将总进度综合管控根据大兴机场工程复杂性特征,分层次降解形成了多级机制,保证了不同层级的各个参与方按进度计划体系中的相应平面和层级开展各自的进度跟踪控制工作。

2）分层级的总进度综合管控组织机制

根据大兴机场工程特点,按照建设和运营筹备组织层级,设立了综合管控领导决策机制、综合管控指挥调度机制、综合管控执行实施机制,形成了多维度的总进度综合管控机制,保障了大兴机场工程总进度综合管控工作的实施运作。

3）问责纠偏的督导督办机制

大兴机场总进度综合管控工作中成立了督导督办小组,主要依据总进度综合管控信息、阶段性重点事项以及进度会议布置的工作任务等实施督查督办工作,对发现的问题进行追责,视情节轻重采取提醒、谈话、整改通知单、通报批评等方式进行处理。有效防止了故意虚假填报进度数据、故意曲解进度计划意义、故意隐瞒存在的进度问题、进度纠偏工作不落实等影响机场工程总进度目标的不良行为。

第 8 章

北京大兴国际机场总进度综合管控平台

为高标准高质量地开展大兴机场工程总进度综合管控工作,进而为管理决策提供科学依据和有效支持,在民航领导小组办公室、北京新机场建设指挥部、民航局信息中心和总进度管控课题组的共同努力下,2018 年 12 月 21 日上午,召开了北京大兴国际机场建设与运营筹备总进度综合管控信息化平台初步验收会,北京大兴国际机场建设与运营筹备总进度综合管控信息化平台通过初验。

该平台利用现代信息技术,研究建设与运营筹备工作进度综合管控的用户需求,以及平台系统设计开发与实施技术等,构建了高效集成实用的进度管控信息平台体系,实现了对管控信息的输入、存储、处理、输出和控制,提高了总进度综合管控的效率和水平。总进度综合管控信息平台的建设,是民航基础设施建设领域的又一创新,弥补了民航基建领域项目管理信息化的空白,管控方法可复制、可移植、可推广,对其他工程建设具有良好的示范和带动效应,是大兴机场打造"样板工程"的一大亮点。

8.1 总进度综合管控平台需求分析

为保证大兴机场高标准、高质量建设和运营,按期高质完成工作计划,迫切需要建立进度管控计划信息系统,对机场建设和运营总进度相关业务数据进行采集、统计、汇总和分析,为管理决策提供有效支持。而在现有的进度计划下达以及实施情况上报管理工作中,存在形式不统一、不规范、信息传递不及时等问题。而要实现预先设定的总进度目标风险很大,困难很多,这就对项目的统筹管理提出了更高层次的要求,不能单纯依靠原始的纸质表格与文字进行整理,而需要借助信息系统来确保其管理的有效性。大兴机场总进度综合管控信息平台主要实现用户工程项目进度计划控制管理信息化,严格执行既定计划目标,严控工作风险,并通过具体项目进度历史数据积累,控制总体进度,为机场各级领导宏观决策与管控提供数据依据。

8.1.1 平台功能需求

据大兴机场建设与运营筹备总进度综合管控需要,经深入研究,平台功能需求如图 8.1 所示。

1)首页

读取系统部分内容展示在首页上,例如各种图表,信息内容等。

2)管控计划

包括综合管控节点计划、编制说明、工程项目范围 WBS 图和工程建设与运营筹备总进度目标、责任单位一览表、思维导图、管控计划节点表(总)、管控计划节点表(类别)和管控计划节点表(月)。

3)管控计划节点执行情况

包括执行总情况和管控计划节点时间轴。

4)月度管控

包括月度计划执行情况、建设进度计划执行情况表、运营筹备进度计划执行情况表、建设进度计划执行情况待审核、运营筹备进度计划执行情况待审核、运营筹备进度计划执行情况已审核和建设进度计划执行情况已审核模块。

5)月度工作计划

包括运营筹备进度计划表、建设进度计划表、建设进度计划待审核、运营筹备进度计划待审核、建设进度计划已审核和运营筹备进度计划已审核模块。

6)提醒

可将提醒短信发送至管理单位联系人的联系电话上。包括统计分析、总进度分析、工程进度计划、近期工作重点、重大问题及影响、问题上报和会议任务模块。

8.1.2 平台用户需求

用户需求分析内容包括界定总进度综合管控信息平台面向的用户、项目进度控制基础数据管理、工作数据采集与上报、数据统计与汇总和进度分析信息处理流程。

1)总进度综合管控信息平台面向的用户

分析民航领导小组、各指挥部,各投资公司和相关部门,北京市、河北省等各相关单位和部门为主的多用户需求,实现管理系统权限设置、基础数据维护、数据采集与上报、数据统计与汇总等功能。

结合各用户的职责及其管理关系,梳理总进度计划管理系统用户需求。

计划管理权限设置主要包括:工作访问范围、工作信息填报、计划工作节点数量采集、实际工作节点数量采集、月度完成采集、月度考核指标、工作完成情况统计分析、基础数据维护等。为了保证统计数据的准确、及时、可靠,防止多用户在使用过程中随意

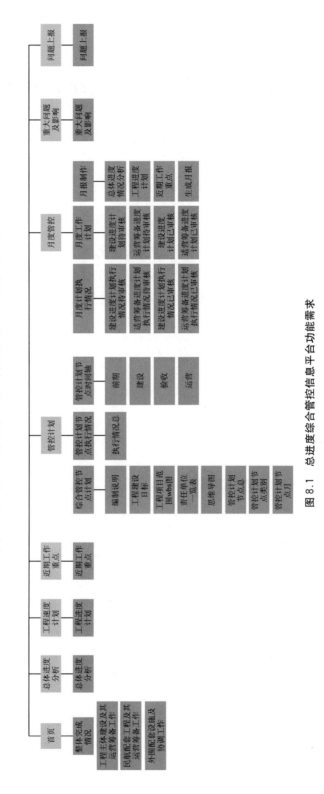

图 8.1　总进度综合管控信息平台功能需求

添加、修改、删除数据,需要按照用户不同身份和权限,控制系统各项功能的使用和数据的访问权限。

2)项目进度控制基础数据管理

基础数据是支撑进度计划和控制等管理功能的重要组成部分,是统计、汇总、分析数据的基础单元,包括工作节点管控单位基础信息、管控计划结构信息、工作基本数据信息,由用户提出这些信息的具体内容和维护需求,然后根据工作不同的隶属、属性等关系,分别按工作所属工作类别、工作阶段、管理单位、投资主体进行分类,形成管控计划结构树,以此完成数据采集和汇总活动以及基础数据维护。系统具有信息的添加、修改、删除等功能。

3)工作数据采集与上报

数据采集与上报应全面反映工作计划,全面满足进度管理工作要求,为进度管理提供准确、及时、可靠的基础数据。反映工作从开始到结束全过程的所有工作内容。

定期采集与上报主要数据,包括基本信息以及月度工作进度分析。机场建设与运营筹备工作总进度管控以管控计划为依据,收集计划完成时间、实际完成时间和实际完成比例等主要数据。

按采集数据的作用划分为以下三类:

(1)指标型数据。是实现进度管理目标的数据,包括工作计划完成时间、计划完成比例等。

(2)记录型数据。是反映工作实际进度情况的数据,包括月度工作进度完成数据等。

(3)表述型数据。是记录数据与相应的指标数据比较后产生、用以表述工作活动结果是否合乎目标要求的数据,包括月度、年累完成率,工作进度完成同比分析,各管理单位、各类工程完成情况排序数据等。

不同单位各有其不同的管理职能,不同管理级别传递信息的数量和性质不同,采集与上报数据方法也不尽相同。系统需要的大量数据主要来自参与单位,各单位根据工作实际进展情况,按照民航领导小组的要求,及时填报最基础性的数据。审核单位按照统计表内容、审核、统计、汇总实施单位上报的基础数据,并以管理单位为单位采集工作实际完成计划节点的数量、月度完成数据,同时对系统生成各级、各类统计汇总报表检查、分析,对系统导出数据的准确性、真实性负责。

4)数据统计与汇总

为满足用户需求,需要以单位基础信息、管控计划结构信息、属性数据信息为统计单元,按照管控计划结构树分类对工作信息、工作实际完成进度、工作完成考核等进行统计、汇总、分析。

(1)工作基本信息。包括计划开始时间、计划完成时间等数据。

（2）工作计划完成进度。包括月累计完成工作计划等数据。

（3）工作实施进度分析。包括工作进度完成情况按工程类别、管理单位、工作阶段和投资主体分类排序。

（4）工作进展情况排序分析。包括工作完成情况考核,月度完成工作指标按工程类别、管理单位、工作阶段和投资主体分类排序等。

5）进度分析信息处理流程

前述内容聚焦于工作进度数据,为了将采集数据转换为服务于用户需求的有效信息,通过对采集数据进行深加工,按工程类别、管理单位、工作阶段和投资主体分类排序完成工作进度统计表以及各种派生报表。在此基础上,依据进度分析管理数据信息,开展工作实施完成情况分析、月度工作进度完成分类分析、月度工作进度投资指标分析及各管理单位工作进度完成情况分析,涵盖了工作从计划下达到工作完成及评价的全过程,有针对性地对工作完成情况进行工作进度分析、专题分析和综合性分析,及时、准确地为各级领导及有关部门提供决策依据。

8.1.3　平台其他需求

1）安全需求

部署在互联网上,根据后期实际需要,配合等保定级。

2）接口需求

跟其他系统对接,以 webservice 形式或者导出数据到 excel 中的形式将数据传给其他系统。

3）部署需求

总进度综合管控信息平台部署需求如图 8.2 所示。

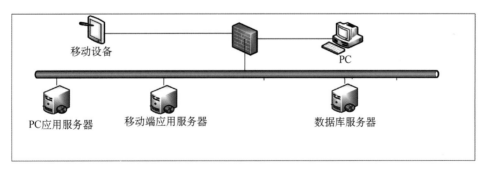

图 8.2　总进度综合管控信息平台部署需求

4）安全需求

软件开发时考虑应用安全类问题,需参照《OWASP 应用程序安全验证标准〈AVSV2.0〉》对开发系统进行安全设计、安全编码、安全测试等,完成开发后系统至少达到 Level1（Opportunistic）级别，最终提供完整报告。

系统开发完成后需进行 WEB 应用风险测评，并提供测评报告，测评内容包括但不限于"注入""失效的身份认证""敏感信息泄露""失效的访问控制""安全配置错误""跨站脚本""不安全反序列化""不足的日志记录和监控"等内容。

8.2 核心业务功能

总进度综合管控信息平台的核心业务功能需求应包括系统管理、项目信息管理、进度计划管理、实际进度管理、预警管理、综合排名和报表管理。

8.2.1 系统管理

后台管理系统中，系统提供组织结构、用户、角色和权限的统一管理。

1）组织结构管理

提供民航领导小组、指挥部，各投资公司和相关部门，北京市、河北省等各单位和部门的基本组织结构信息管理。

2）用户管理

管理参与机场建设与运营筹备的工作人员的个人信息，包括姓名、ID、身份证号、职务、单位、联系电话及个人邮箱。提供查询、添加、删除、激活、禁用/启用、编辑、重置用户密码功能，并提供编辑用户角色的功能。

3）角色管理

根据组织结构信息，提供用户所属单位、部门及职务的查询、添加、删除、编辑功能，并提供设置角色权限的功能。

4）权限管理

基于角色的功能操作点，管理用户角色的权限功能。

8.2.2 项目定义

1）项目结构

由具有相应权限的用户定义大兴机场总进度管控计划工作节点，创建总进度管控计划的基本结构框架。管控计划的基本结构由以下部分组成：管理主体、工作阶段、工程（工作）类别、工作编码、工作名称。

管控计划的基本组成部分是大兴机场建设与运营筹备总进度综合管控计划信息的基础，其中管理主体明确责任单位，工作阶段明确总体进度，工程或工作类别明确了工程或工作等级，以上几项内容与工作名称都由民航领导小组统一确定，如无特殊情况不得随意更改。工作编码由管理主体、工作阶段、工程或工作类别和工作节点计划完成时间先后顺序唯一确定,是机场进度计划工作的唯一性编码。这几个基本信息是管控计划的结构性属性,因此作为管控计划结构表单独录入。

2）管控节点信息

管控节点的基本信息。录入管控计划的结构信息后,以该工作计划结构为基础,继续录入管控计划工作节点的基本信息。

管理主体单位信息。管控进度工作计划节点的管理主体单位信息也作为基本信息录入,以便将项目责任落实到单位和责任人。

基本信息模块（管控计划结构与管控节点信息）可输出多张表格,内容上可以涵盖基本信息模块输入的全部信息,并将其与其他模块信息进行组合查看。此外,用户还可以从给定的多张表格的内容中自行选择管理需要的部分,单独或组合查看。

8.2.3 进度计划管理

进度计划管理包括总进度管控计划管理、各管理主体单位重点和关键工作计划管理及辅助管理。

1）总进度管控计划管理

总进度管控计划管理模块旨在完成大兴机场建设与运营筹备工作总进度综合管控计划工作,用以指导项目建设与运营筹备阶段各项工作的实施。机场工作总进度综合管控计划的内容,包括前言、编制说明、节点（责任单位、工程或工作类别、工作、时间）等。

2）各管理主体单位重点和关键工作计划管理

基于各节点的有关信息,大兴机场建设各指挥部及相关单位和部门,以总进度管控计划为依据,结合各自工作实际情况,为保证总进度管控计划确定的管控节点目标的实现,填报下月重点和关键工作（节点保证）计划,输入下月重点和关键工作计划工作的参数和基本信息,增强总进度管控计划实施的保证性和可操作性。

3）辅助管理

（1）计划信息输出。包括总进度管控计划整体或局部信息输出,各管理主体单位重点和关键工作计划信息输出,进度计划模块可输出多张表格,表格可显示该模块输入的全部信息,部分表格内容相互关联。

（2）计划信息查询。在系统设定的个人权限范围内,用户可查看相应的表格内容。用户可从表格中自行选择管理需要的部分,单独或组合查看有关信息,也可将其与其他模块信息进行组合查看。

（3）计划提醒。该模块设置自动提醒功能，由录入的工作计划完成时间自动生成提醒时间、提醒短信及邮件，并分别于录入的计划开始时间或计划完成时间的前10天和前3天，将提醒短信发送至系统录入并已激活的用户联系电话，同时向系统录入的用户邮箱发送提醒邮件。

8.2.4　实际进度管理

实际进度管理模块旨在依照总进度综合管控计划推进管控工作，统计分析机场建设与运营筹备工作实施进展情况，按照总进度管控计划严格把控关键节点，确保各项工作按计划有序开展。

1）总进度管控计划执行管理

总进度管控计划执行管理模块旨在反映大兴机场建设与运营筹备工作总进度综合管控计划工作的完成情况，用以控制项目建设与运营筹备阶段各项工作的实施。机场工作总进度综合管控计划执行的内容，包括工程或工作开始时间、完成比例、完成时间、计划/实际比较等。

管控工作实施进度管理模块按照进度计划提供的关键工作节点及重要参数，收集实际数据，将计划数据与实际数据对比，明确管控工作实施进展情况，并进行工作进度偏差分析。

2）各管理主体单位重点和关键工作计划执行管理

以总进度管控计划为依据，大兴机场建设各指挥部及相关单位和部门根据本月各自实际工作进展情况，填报本月重点和关键工作（节点保证）计划执行情况，输入实际进展的参数和基本信息，即本月关键重点工程或工作的实际时间、计划/实际比较等

3）辅助管理

实际进展及计划/比较信息输出包括：剩余建设工程与运营筹备工作实际进展信息输出。各管理主体单位重点和关键工作实际进展信息输出。实际进展及计划/比较信息模块可输出多张表格，表格可显示该模块输入的全部信息，部分表格内容相互关联。

实际进展信息查询：在系统设定的个人权限范围内，用户可查看相应的表格内容。用户可从表格中自行选择管理需要的部分，单独或组合查看有关信息，也可将其与其他模块信息进行组合查看。

8.2.5　预警管理

预警模块基于上述四个模块的输入数据，通过对预警指标进行预设，查询所有工作计划与实施进度，显示其中满足预警指标的工作，实现预警管理。

结果内容要求:按照上述筛选和查询条件,列表显示满足条件的所有工作,并通过内部编码系统追溯各工作的基本信息、进度计划和实施情况,其中高亮显示管理单位。

该模块可实现内部自动链接功能,即任一单元格数据,可自主选择切换至相关联模块界面查看数据来源。

此外,该模块设置自动提示功能。根据录入基本数据后自动生成的预警结果定期向各级领导发送预警短信及邮件,说明需重点关注的工作基本信息、进度计划和实施情况。

8.2.6　综合排名

统筹组织大兴机场各项建设工作、验收及移交工作、运营与筹备工作及其他专项工作,管理层次多、范围广、难度大。为调动工程项目各参与单位及部门项目的积极性,需制订一定的考评机制,对绩效表现好的管理主体予以奖励。此外,根据各类工程的进度管控工作综合评估结果,调整进度工作计划与实施方案,做好多项工程的协调平衡,达到良好的管控效果。

综合排名模块中,需综合各方面因素进行打分排名,有些考评信息可以从系统录入信息中自动抓取,有些考评信息需要由民航领导小组办公室及其他领导单位综合评估后将打分输入系统,由系统完成工作评估与考评综合排名。

8.2.7　报表管理

1) 模块简述

报表管理作为各基础数据的综合成果反馈,不仅是系统信息输出展示模块,也是系统最直观、最终端的模块。虽然查询操作模块与报表模块均属于顶层模块,并可生成、导出并打印相关结果,但两模块仍有所区别。查询操作为用户获取指定信息的简单搜索操作,而报表管理模块为以时间和内容为核心的系统预设格式的顶层统计分析操作。此外,报表管理模块的相关数据均来源于上述基础管理模块,无需录入其他基础数据。

管控系统生成的报表是民航领导小组统筹协调各投资主体、建设(管理)单位、运营单位及相关部门实施总进度综合管控的主要依据。各类形式的报表能够全方位、多角度反映工作基本情况、进度计划、实施情况、实际与计划对比及偏差分析等各种信息,为管控工作提供决策支持。

2) 界面设计

报表模块检索目录可在界面左侧采用树形结构列示,并于结构树下设置报表来源数据的起止期限、投资主体、工作阶段、管理单位工程(工作)类别和工作名称的搜索框及选择下拉菜单。点选后右侧同步显示相关网页版表单,表单结构树可逐层扩展(要

求附总表、分表、明细表选项），通过复选框内自主勾选信息，实现用户所需信息展示形式的个性化设置（系统安装全选、全部不选、反选等辅助选择控件）。界面设计示例如图8.3所示。

图8.3　界面设计示例

3）体系设计

报表体系是依据所有基础模块而构建的综合功能模块，以数据处理、综合分析与显示为主要功能，起到监测工程形象进度的目的，可将旬度工程形象进度照片在信息采集系统与报表系统中集成，将工程现场定期拍摄的照片作为基础数据录入信息采集系统，共同体现管控工作实施进度情况。体系设计示例如图8.4所示。

图8.4　体系设计示例

4）核心功能

（1）显示及编辑：点选某报表名称，选择或输入来源数据起止日期、投资主体、工作阶段、管理单位、工程（工作）类别和工作名称，随即右侧显示包括所有选中的项目在设定起止日期范围内的相关表单内容。根据表单设计，对右侧的报表实现报表科目的删除、隐藏、调序、组合等简便操作。

（2）导出及打印：实现报表及图形单一或者批量导出功能（Word/Excel/PDF等

格式)以及在线打印功能。

按照机场总进度管控计划的基本需要,设计反映管控工作进度的基本报表,并应按进度计划管理的需要,不断完善补充。尤其是为大兴机场建设与运营筹备工作领导服务的综合性、全局性报表与图示,需要调研设计。

5)报表权限

(1)工作查询:可根据投资主体、工作阶段、管理单位、工程(工作)类别和工作名称等基础结构信息查询管控工作计划与实施进度,并可选择项目某一录入信息作为关键字进行筛选(录入信息如为离散型,可按选择键进行筛选;如为连续型,可输入确定范围进行筛选),并显示满足筛选要求的工作列表,点击详情即可查看工作的详细信息。

(2)工作修改(含录入):选择工作列表中工作计划及进度数据,即可进入修改界面更改相应的计划及进度信息。工作信息修改需要保留历史记录,作为新的文件版本进行备案。在工作进度计划详细信息的显示页面可以查看历史记录列表(含历史版本、修改时间、修改前信息、改动信息、修改人),并可点击列表查看某项修改记录的详细信息。工作录入与工作修改类似,在历史记录列表可以分类查看工作修改操作与工作录入操作信息。

(3)工作删除:在工作详细信息的显示页面或者列表页面可以直接删除管控计划工作节点,点击删除按钮后,在显示页面立即弹出确认删除的提示。删除工作需在历史记录中保存删除时间、删除信息、删除人等信息作为备案。此外,系统设置文件回收站,自动保存已删除项目的相关信息。

(4)信息输出及打印功能:对于上述信息输出内容,在此界面下就可实现报表导出、统计图生成及打印等基本操作。进度管控工作两维度可调:a)横向维度可调:可根据选择实现旬、月度、季度、年度不同时间维度计划及进度报表,并可查看某一指定时间段内管控工作计划与实施的情况;b)纵向维度可调:根据投资主体、工作阶段、管理单位、工程(工作)类别和工作名称实现多层次计划显示。

8.3 网页版及手机端平台模块

8.3.1 工作总控页

总控页面综合展示系统内所有管理项目的综合统计、分析、比较、预警、提示信息,并以数字、图表、对比表等形式呈现,页面结构适合于大屏展示。大屏主要显示综合性全局性信息,包括总体进展情况、各单位和部门工作进展情况、各阶段工作进展情况、各工程(工作)进展情况、进展情况分析、当前存在的主要问题等,如

图 8.5 和图 8.6 所示。

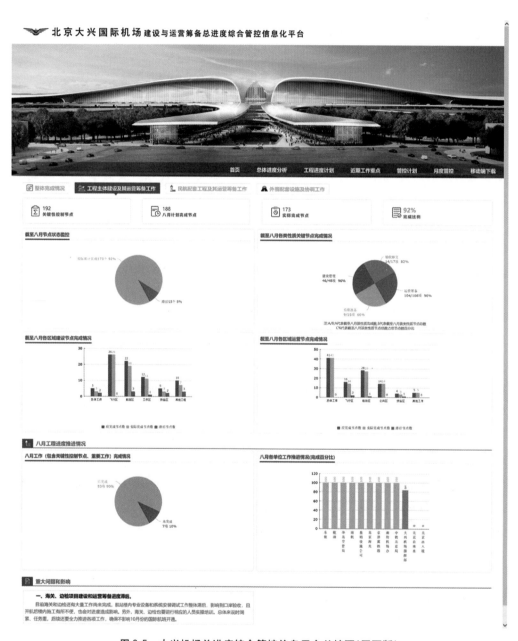

图 8.5 大兴机场总进度综合管控信息平台总控页(网页版)

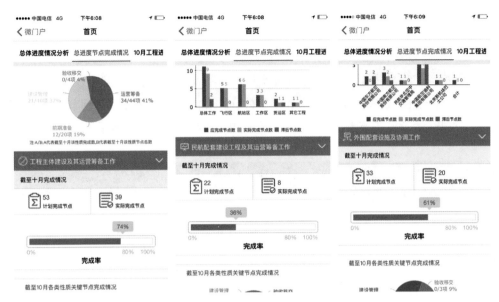

图 8.6　大兴机场总进度综合管控信息平台总控页(手机端)

8.3.2　总体进度分析模块

总体进度分析模块中主要汇报节点完成率。总体进度分析中包括五个板块:总体完成情况、机场主体进展情况、民航配套进展情况、外围配套进展情况和本月纠偏情况。该模块用于多工作计划进度和实际进度对比综合呈现,根据所选项目(当前用户权限范围内),以对比图表等可视化形式直观呈现多项目的计划进度和实际进度对比信息。如图 8.7 所示。

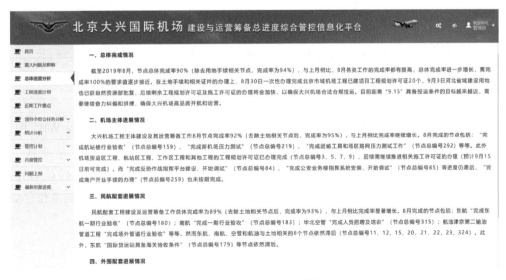

图 8.7　总体进度分析模块

8.3.3 统计分析模块

统计分析模块包括总统计分析、阶段统计分析、月度统计分析、月度阶段统计分析、大兴机场工程主体统计分析、民航配套建设工程统计分析、外围配套及协调工作统计分析。各统计分析模块包括控制节点总数、前期准备节点数、建设管理节点数、验收移交节点数、运营筹备节点数、已完成节点数和完成率。如图 8.8 所示。

图 8.8 统计分析模块

8.3.4 管控计划模块

管控计划模块包括综合管控节点计划、管控计划节点执行情况和管控计划节点时间轴三个板块。

1）综合管控节点计划

综合管控节点计划板块中包括编制说明、工程建设目标、工程项目范围 WBS 图、责任单位一览表、思维导图、管控计划多选查询和管控计划节点。

编制说明是对《北京大兴国际机场工程建设与运营筹备总进度综合管控计划》的说明，包括基本思路、编制目的、总体要求、各单位主要任务、编制内容和编制单位。如图 8.9 所示。

工程建设目标是对大兴机场建设进度目标的展示示意，如图 8.10 所示。

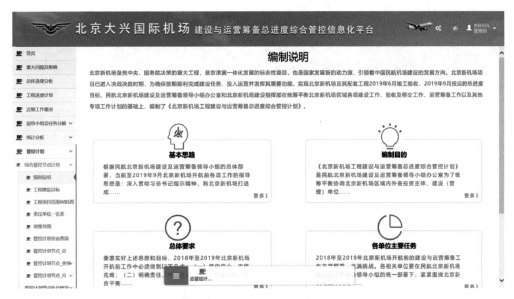

图 8.9　管控计划模块——编制说明

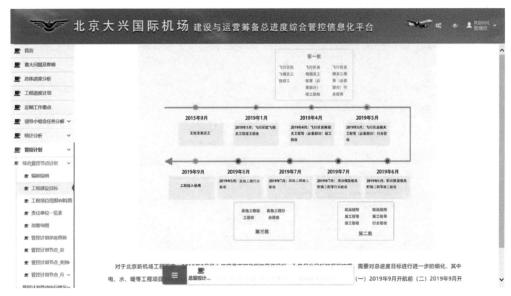

图 8.10　管控计划模块——工程建设目标

工程项目范围 WBS 图是大兴机场工程任务分解结构图的展示。如图 8.11 所示。

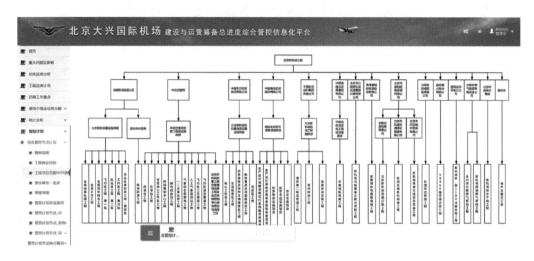

图 8.11 管控计划模块——工程项目范围 WBS 图

责任单位一览表包括投资主体、工程项目名称、对应建设管理单位、验收单位和运营筹备单位，如图 8.12 所示。

图 8.12 管控计划模块——责任单位一览表

思维导图是大兴机场总进度综合管控总体思路的直观体现，如图 8.13 所示。

2）管控计划节点执行情况

管控计划节点执行情况板块主要展示工作阶段、投资主体单位、工程（工作）类别、工作名称和计划完成时间、状态和进度情况，如图 8.14 和图 8.15 所示。

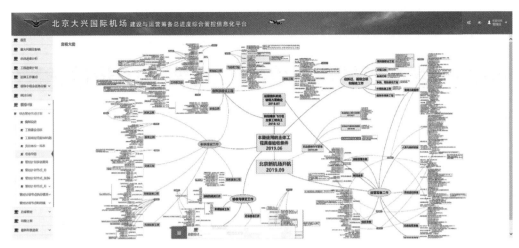

图 8.13　管控计划模块——思维导图

图 8.14　管控计划模块——管控计划节点执行情况（网页版）

图 8.15　管控计划模块——管控计划节点执行情况（手机端）

3）管控计划节点时间轴

管控计划节点时间轴包括前期、建设期、验收期和运营期。如图 8.16 所示。

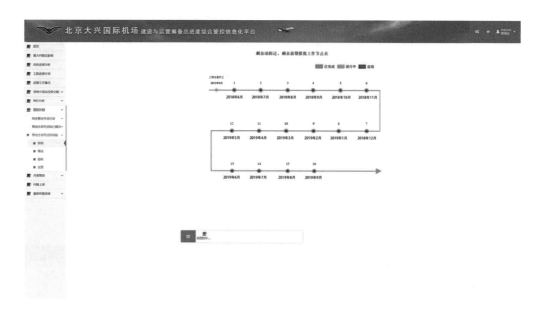

图 8.16 管控计划模块——管控计划节点时间轴

8.3.5 月度管控模块

月度管控模块包括月度计划执行情况、月度工作计划、月报制作和月报下载。

月报制作板块包括总体进度情况分析、工程进度计划、近期工作重点、补充工作说明、月报上传和生成月报。月报下载栏目详细展示了每个月的总进度综合管控月报阅读版。如图 8.17 所示。

图 8.17 月度管控模块——月报下载栏目

8.3.6 最新形象进度模块

最新形象进度模块包括最新形象进度审核和视频列表。如图 8.18 所示。

图 8.18 最新形象进度模块

8.4 基于平台的总进度综合管控工作

根据《民用机场工程建设与运营筹备总进度综合管控指南》（MH/T 5046—2020），基于平台的总进度综合管控工作包括进度计划基础数据导入、进度管控数据填报、进度管控数据处理和进度报告发布。

平台实现了管控文件电子化，管控数据在线采集、审核发布，节点完成情况统计分析，重点问题查看，最新形象进度展示，提高了总进度综合管控工作效率。

8.4.1 进度上报

按照管控工作计划，各单位每月定期在大兴机场建设与运营筹备总进度综合管控信息化平台上填报工程进度信息，包括当月工作完成情况和下月工作计划，涵盖建设和运营筹备两方面内容。

1）进度计划基础数据导入

进度计划基础数据是支撑进度计划和控制等管理功能的重要组成部分，包括工作节点管控单位基础信息、总进度计划结构信息等，由用户提出这些信息的具体内容和维护需求，然后根据工作的不同属性关系进行分类，形成总进度计划结构树，以此完成数据采集和汇总活动以及基础数据维护。如图 8.19 所示。

2）进度管控数据填报

进度管控数据以大兴机场总进度计划为依据，是进度测量的基础，包括实际完成时间和实际完成比例等。不同参与单位和部门针对其权限范围内的各项工作，根据实际进展情况，通过系统填报入口输入工作节点的实际进度数据。如图 8.20 所示。

图 8.19　进度计划基础数据导入

图 8.20　进度管控数据填报

3）进度管控数据处理和分析

数据处理和分析是将采集的数据转换为服务于用户需求的有效信息,从而为各级管理者和相关部门提供决策依据。数据处理经一致性检查和深加工,得到各类工作进度统计表和派生报表。在此基础上,开展工作实施完成情况分析、工作进度完成分类分析以及工作进度指标分析等,对计划完成情况加以评价。

4）进度报告发布

综合管控报告如月报等作为各项基础数据的综合成果反馈,是统筹协调机场工程建设与运营筹备各单位和部门实施总进度综合管控的主要依据。进度报告发布能够提供一个有效途径,各级管理者通过进度报告可以全方位、多角度地了解工作实施情况、风险状况和偏差分析等,以进行科学决策和管控。

8.4.2　进度审核与信息订正

在各单位填报进度信息并提交部门内部审核后,由课题组对已上报信息进行最终审核,并要求相关单位提供节点完成的证明材料,如发现问题,会及时与填报人员沟通反馈。对于现场复核时可能发现的某些单位及部门填报信息不准确的情况,课题组会与民航局信息中心对接,修改系统中的错误数据。

1)进度审核

各单位填报进度信息后,先提交部门内部审核,经领导批准后流转至课题组,由课题组进行最终审核(仅审核明显错误,进度信息的准确性由填报单位负责)。为保障月报制作效率,各单位在每月 25 日到次月 5 日之间要保持高度工作准备状态。课题组在审核过程中发现问题,会及时与填报人员沟通反馈。填报人员在收到课题组反馈后一定要及时采取行动,修改错误,不可借由内部工作调整、有其他任务在身等理由不及时修改,耽搁时间。审核过程中,课题组要求相关单位提供节点完成的证明材料时,各单位应积极配合,及时(最迟隔日)反馈,不可不提供相应材料。进度审核执行情况如图 8.21 所示。

图 8.21　进度审核

2)信息订正

课题组在现场复核环节可能发现数据不准确的情况,将及时与民航局信息中心对接,修改系统中的错误数据。

3)形象进度上传和审核

各单位按照计划定期上传更新形象进度,上传文件包括图片和视频等。信息中心在每月固定时间统一审核各单位上传的形象进度,发现漏传的及时通知该单位,相应单位须在 2 天以内完成形象进度上传工作。

4)通报批评栏目

在信息化平台的醒目位置增添通报批评栏目,各单位凡是存在以下问题的均需要披露：谎报进度信息，不重视、配合现场复核工作，不及时填报进度信息，不及时澄清数据问题、迟迟不提供相关证明材料，经课题组辅导多次仍不规范填报数据，推脱工作责任，任意调换填报人员，不上传或不及时上传形象进度，其他违规情况。

对于存在上述问题的单位，按照情况严重程度以"红名单""黄名单"的形式通报，情节严重的列入"红名单"。

8.4.3　正式信息发布与展示

在大兴机场建设及运营筹备总进度综合管控信息化平台上同步发布电子版月报和最新形象进度。

民航北京新机场建设及运营筹备领导小组办公室正式发布当月月报后，抄送民航局信息中心。信息中心在收到正式月报后，核对系统数据，随后在信息化平台上同步发布电子版月报和最新形象进度。

8.5　小结

传统的进度管控下达以及实施情况上报管理工作中，存在形式不统一、不规范、信息传递不及时等问题。总进度综合管控信息平台实现了用户、工程项目、进度计划和控制管理的信息化，极大地便利了机场建设和运营总进度相关业务数据的采集、统计、汇总和分析。平台的建立支持了进度管控工作，有助于各方严格执行既定计划目标，严控工作风险，并通过具体项目进度历史数据积累控制总体进度，为机场各级领导宏观决策与管控提供直观数据依据。

第9章

我国民用机场建设总进度综合管控发展展望

大兴机场总进度综合管控,不仅为项目高质量按时投运提供了重要保障,更为整个民用机场工程乃至重大工程建设领域进度管控树立了标杆。首都机场集团依托高密度、大体量工程实践率先开展总进度综合管控协同化与智能化模式创新的探索,以加快实现面向现代工程管理能力提升的转型升级,满足打造民用机场品质工程的发展新要求。

9.1 我国民航领域现代工程管理发展新要求

9.1.1 "十四五"民航发展规划的要求

国家综合机场体系是支撑民航强国的重要基础。《"十四五"民航发展规划》(以下简称"发展规划")提出,要继续加大建设投入力度,扩大优质增量供给,突破枢纽容量瓶颈,推动国家综合机场体系向更高质量迈进[1]。

(1)加快机场基础设施建设。一方面,加快国际航空枢纽建设,推进区域枢纽机场扩能改造,优化完善综合性枢纽机场货运设施。同时,完善非枢纽机场布局。新建一批非枢纽机场,重点布局加密中西部地区和边境地区机场。加强新建机场前期论证,做好项目储备。另一方面,推进存量设施提质增效。加强多机场、多跑道、多航站楼运行模式研究,注重空地资源匹配,探索运行新标准、新模式,充分挖掘设施潜力。支持有条件的机场优化改造跑滑系统,提升飞行区运行效率。适应旅客出行方式和需求变化,针对捷运系统、安检系统、行李系统等效率短板和流程堵点,推进既有机场航站楼空间重构和流程再造。

(2)打造机场综合交通枢纽。一方面,推动与各种交通方式深度融合。紧抓交通

---

[1] 引用自:《"十四五"民用航空发展规划》,中国民用航空局,2021。

设施集中建设机遇期,以枢纽机场为中心节点,按照应联尽联原则,强化与干线铁路、城际铁路、城市轨道交通、高(快)速路等衔接联通,优化货运机场集疏运体系,形成一批以机场为核心的现代化综合交通枢纽。加强枢纽站场的统筹规划,按照统一规划、统一设计、统一建设、协同管理原则,推动各种运输方式集中布局、空间共享、信息互通、便捷换乘。另一方面,构建综合交通标准体系和协调机制。总结上海虹桥、北京大兴、成都天府等机场实践经验,构建机场综合交通枢纽建设、运营管理等领域的标准体系。建立各种交通方式协调机制,优化接口设计,做好建设管理协作,推进建设制度、规范、标准等互认或统一,推动运输服务和产品信息互通共享。鼓励机场、航空公司投资参与轨道交通建设和运营,发挥综合交通多元主体组团效应。建立健全民航与其他交通方式联程联运的管理体制机制,打破行业分割,打通运营规则,推进服务对接,满足旅客便捷出行和货邮高效运输需求。

(3)提升机场建设运营水平。一方面,推进机场高品质建设。加强枢纽机场战略规划研究,按照适度超前原则制定修定枢纽机场总体规划,强化与国土空间规划的衔接。贯彻"四型机场"建设要求,创新规划设计理念、技术方法和评价指标,在规划设计、项目审批、施工建设和运营维护等环节强化落实,打造品质工程。放开民航专业工程设计市场准入,扩大民航工程咨询设计供给。另一方面,提升机场运营管理水平。推动修订《民用机场管理条例》,持续完善机场运营管理体系。强化机场公共基础设施属性定位,引导地方政府调整绩效考核机制,更加注重安全、服务等社会公益性指标考核。持续推动非枢纽机场公安、消防及应急救援等公益性职能复位。推动机场由直接经营型向管理型转变,理顺机场管理机构与驻场单位之间的生产运营关系。推广运管委等管理经验,提升协同运行效率。加强高原机场和军民合用机场运行安全管理。继续落实好机场运营补贴政策。

9.1.2 民用机场建设打造"品质工程"的要求

2021年11月30日,全国民用机场建设管理工作会议在湖北省鄂州市召开。会议明确"十四五"时期机场建设工作思路为:坚持以习近平新时代中国特色社会主义思想为指导,立足新发展阶段,贯彻新发展理念,服务构建新发展格局,以"品质工程"为主导,落实"四型机场"发展要求和"四个工程"建设要求,大力推行现代工程管理,打造民用机场品质工程,树立中国机场建设品牌,持续推进民航机场建设高质量发展,为贯彻实施"十四五"规划打牢基础,为实现民航强国建设目标提供坚实支撑。会议发布并宣贯了《关于打造民用机场品质工程的指导意见》(以下简称"《指导意见》"),提出了打造民用机场品质工程的定义内涵、基本原则和工作目标等[1]。

---

[1] 根据民用航空网信息整理 https://www.ccaonline.cn/.

1）定义内涵

民用机场品质工程是将"以人为本、优质安全、功能适用、绿色低碳、智慧高效"作为目标和成果，以推行现代工程管理为抓手，以机场建设实践为载体，实现内在功能和外在形式有机结合、内在质量和外在品位有机统一的机场工程。"以人为本"指把人民群众的高品质航空出行需求摆在首位，坚持机场建设为人民；"优质安全"指机场工程质量达到世界一流水平，工程施工和工程实体结构本质安全；"功能适用"指机场功能符合运营发展需要，机场适用性满足运行品质需要；"绿色低碳"指机场工程全生命周期集约节约利用资源、节能减排、实现生态和谐；"智慧高效"指机场工程实现数字驱动、生产智能、管理智慧、运行顺畅。

2）基本原则

人民至上、目标导向。以满足人民群众对高品质航空出行需求为出发点和落脚点，坚持优质发展、以质取胜，不断增强人民群众的获得感、幸福感和安全感。

创新驱动、与时俱进。推进技术创新、模式创新、管理创新，形成引领国际机场建设发展的创新能力。与时俱进完善规章标准，提升制定国际民航规则标准的主导权和话语权。

因地制宜，分类实施。遵循工程建设规律，把握机场个体差异，因场施策、适度超前，强化大型综合交通枢纽、复杂地形地质条件、高高原等中国机场建设特色品牌塑造。

示范带动，系统推进。科学规划品质工程推进路径，重点工程先行试点，样板工程带动整体，做好品质工程攻关试点经验推广，逐步建立长效机制。

3）工作目标

到 2025 年，现代工程管理全面推行，一批民用机场品质工程示范样板建成，品质工程政策和标准体系建立；到 2035 年，品质工程建设全面覆盖，工程管理、技术装备和标准体系提质升级，中国机场整体建设品质达到世界一流水平，引领国际机场建设发展。

9.1.3　全面推行现代工程管理的具体要求

《指导意见》指出，现代工程管理是打造品质工程的重要抓手，具体表现为建设理念人本化、建设管理专业化、建设运营一体化、综合管控协同化、工程施工标准化、日常管理精细化和管理过程智慧化[1]。

1）推进建设理念人本化

把"机场建设为人民"作为机场工程建设的指导原则、基本方向和评判标准。规划

---

[1]　引用自：《关于打造民用机场品质工程的指导意见》，中国民用航空局，2021。

设计注重旅客、货主和员工的切身需求，注重工程建设与自然环境、社会环境的和谐统一。工程施工关注安全生产，改善劳动者的生产作业和生活环境，保障劳动者合法权益。机场运营进一步拓宽服务领域，丰富服务内涵，为旅客提供安全、便捷、舒适的航空出行环境。

2）推进建设管理专业化

丰富工程建设管理模式，树立大质量观和大安全观，强化建设单位管理能力建设。加快民航建设工程企业资质改革。推行工程总承包，健全专业化分包管理制度，推动全过程工程咨询服务发展。推进质量健康安全环境（QHSE）管理体系应用。培育具备投资、进度、质量控制以及安全、合同、信息管理能力的专业化组织机构和人才队伍。

3）推进建设运营一体化

遵循机场建设与运营的客观规律，处理好不同阶段间的关系，协调好各方主体需求，实现机场工程全生命周期的综合效益最大和管理举措最优。项目前期考虑工程建设与运营需求的融合，实施阶段统筹永久设施与临时设施建设，建设后期突出工程验收与运营筹备融合，运营初期突出工程质保与运营服务融合。

4）推进综合管控协同化

以"大建设"理念为统筹，以总进度综合管控为抓手，推动实现超越行业与地方边界、建设与运营边界、投资主体边界、参建单位边界、军地边界等的跨组织管理与协调。以此为基础，形成目标一致、组织协同、进度统筹、衔接顺畅、信息共通、管控最优的协同机制，打造施工管理、交通安全、安全防控、消防应急、环保整治等方面联动管理的综合管控局面。

5）推进工程施工标准化

统一技术标准、管理标准和评验标准，打造规范、有序的施工标准化体系，实现对质量、安全、工期等要素的有效控制。推进施工工艺标准化，建立首件样板制；推进施工工地标准化，规范施工场站建设；推进施工安全标准化，提升安全生产水平；推进施工管理标准化，让施工全过程成为执行标准规范的全过程。

6）推进日常管理精细化

把精细化理念贯彻落实到项目各环节，以建设精品工程、强化精细化管理、开展精细化控制为载体，建立"预测有科学依据、实施有量化标准、操作有规范程序、过程有实时控制、结果有客观考核"的精细管理体系，推动精益建造，传承工匠精神，保证工程局部和细节均满足技术要求，提高工程品质与耐久性。让建设者的"更精细"，换来使用者的"更贴心"。

7）推进管理过程智慧化

坚持提升管理智慧化，广泛应用信息技术，搭建管理信息平台，规范管理流程、提高管理效能、降低管理成本，弥补传统管理的短板。推行"智慧工地"，实现智慧创安、智慧提质、智慧增绿、疫情智控、智能建造。培育数字驱动的机场建设模式,推广贯穿全生命周期的信息模型应用,形成数字机场和实物机场两套资产。

9.2 深化一体化组织平台建设引领总进度综合管控协同化

《指导意见》明确将建设运营一体化和综合管控协同化作为民航领域现代工程管理的两个重要内涵和发展方向提出,阐释了以建设运营一体化为引领,持续深化总进度综合管控,是培育现代工程管理能力、打造民用机场品质工程的重要龙头和抓手。为落实打造品质工程的重要战略部署,首都机场集团充分发挥集团统领作用,依托大兴机场、天津滨海国际机场、哈尔滨太平国际机场等成员机场大规模建设契机,深入践行建设运营一体化理念,持续打造一体化组织平台并积极探索新型总进度综合管控组织模式,为推进总进度综合管控协同化打开新的局面。

9.2.1 建设运营一体化协同委员会

为推进建设运营一体化深化落实,在大兴机场投运一年后,由大兴机场、北京新机场建设指挥部共同倡议发起,于2020年12月成立北京大兴国际机场建设运营一体化协同委员会(以下简称"协同委"),构建大兴机场建设运营一体化深化细化的组织协同平台,并建立大兴机场建设运营一体化工作机制,亦即"四个工程""四型机场"建设深度融合协同发展模式。

协同委在成立之初以大兴机场、北京新机场建设指挥部和首都机场集团的相关成员单位为基础,由大兴机场、指挥部作为联合发起人,共同邀请首都机场集团在大兴机场从事相关业务的成员单位,共同成立。协同委成立之后,新委员单位的加入由大兴机场或北京新机场建设指挥部推荐,并由协同委研究通过后加入。目前,协同委中除大兴机场和北京新机场建设指挥部两家主要单位外,还包括贵宾公司、物业公司、动力能源公司等11家首都机场集团成员单位。同时,协同委下设办公室,作为综合协调办事机构,人员按照因事用人、精简高效的原则,主要由大兴机场和北京新机场建设指挥部选派中层管理人员担任。其中办公室主任由大兴机场和北京新机场建设指挥部各派一名人员共同担任,其他成员由大兴机场及北京新机场建设指挥部有关部门人员担任。

协同委工作机制主要包括基本工作机制和专项工作机制,二者共同保障和支撑一体化委员会组织目标的实现。协同委基本工作机制是指规范其日常工作流程、组织日常工作开展的基本工作规则。首先,其明确了委员会日常工作内容主要包括研究重点建设项目、工作计划和有关事项,研究解决大兴机场、指挥部及协同委委员单位在基础设施建设领域的难以解决或存在分歧的重点难点问题。其次,协同委确定了定期季度全体会议以及不定期专题会议的工作机制。对于定期季度全体会议,每季度第二个月的月末召开一次全体会议,对推进协同委五大组织目标有关重要内容进行研究。全体会议由协同委主任主持,并签发纪要或协同委有关制度、文件。而对涉及安全运行服务等时效性较强的工作,或者确有需要的议题,可不定期召开专题会议。

此外,协同委确立了以"四库"为核心的专项工作机制,即建设项目库、课题标准库、复合人才库以及问题督办库。第一,建设项目库的设立旨在将需协同委审议的"四型机场"建设项目,以及其他需协同委研究的建设、改造项目重点研究统筹管理。根据有关规定或协同委认为需上报民航局、首都机场集团审批、备案的,在履行相关手续后进入建设项目库。第二,课题标准库的建立旨在对获得国家、地方、民航局和其他政府部门、首都机场集团立项批准的"四型机场""四个工程"相关的基础设施建设类课题进行着重研究和统筹管理。第三,复合人才库工作机制则主要以建设项目和研究课题为抓手,以建立既懂建设,又懂运营管理的复合人才库为目的,通过面向协同委委员单位举办专题培训、短期借调、挂职交流、抽调骨干成立专项小组等方式加强复合人才培养。第四,问题督办库专注于全面暴露并解决阻碍机场完成各类建设及运营目标的重点、难点问题。这类问题多为同时涉及建设及运营单位的建设运营界面问题。该机制的运作需要大兴机场、北京新机场建设指挥部以及相关委员单位持续体察并提出需协同委协调解决的基础设施建设类问题,经协同委审议后纳入督办问题库,进行动态跟踪管理。

9.2.2 项目综合管控办公室

为进一步落实打造品质工程的民航业发展重要战略部署,首都机场集团充分发挥统领作用,全面启动现代工程管理组织模式创新的探索,形成了以综合管控办公室为核心的新型组织管理模式。

综合管控办公室为常设机构,在各项目指挥部领导班子的领导下,调动部门力量、社会专业力量和专家力量,负责规划、设计、建设与运营全生命周期的策划、管理、协调、集成、管控工作。具体而言,其具有常设机构和动态协调机制两种属性,是一个结构和一种机制的结合。这种设置较好地体现了工程建设的一体化,以及静态机构能够配合整个工程的建设进展,进行动态调整的灵活性。考虑综合管控办公室常设机构的属性,体现"强"矩阵特点,综合管控办公室主任宜由副总指挥以上级别领导担任,建议由执行总指挥担任,副主任建议由总工程师担任。而从动态协调机制角度,综合管控办公室是一个协调机构。随着工程进展,融合工程建设的专业组织和相关参与方,形成动态管控的协调机制。综合管控组成员部门、单位和团队随项目各阶段建设任务、工作重点动态变化。

综合管控办公室的管控范围主要包括两部分。一方面,综合管控办公室负责规划投资建设运营总进度综合管控。制订面向项目群的多层级、多区域、多主体的进度计划体系,明确时间表、路线图、任务项与责任单位,统筹规划、投资、建设、验收、移交、运营等各项工作。同时,对进度进行主动高效管理,关键把控关键节点与里程碑节点的项目进展,发现偏差或问题,及时进行事前预警与事后控制,提供必要纠偏措施。另一方面,综合管控办公室负责跨组织边界和工作界面的协调管理,主要包括牵头跨投资主体边界、参建单位边界、建设与运营边界等组织管理与协调;构建具有统领性和应用型的组织管理结构,探索符合我国国情和工程实际的协同联动机制,统筹平衡工程与组织系统,工程界面、任务界面与组织界面;此外,还包括对内协调各部门工作界面的划分及管理。

9.3 推动新兴信息技术赋能总进度综合管控智能化

新一轮科技革命和产业变革正在全方位重塑民航业的形态、模式和格局。"十四五"把推进智慧民航建设作为工作主线,这不仅事关破解行业发展难题、巩固拓展行业发展空间,更事关构筑提升行业未来发展的新竞争优势。其中建设"智慧机场"是智慧民航建设的重要场景,这就要求机场建设必须立足未来智慧机场场景,在项目管理理念、规划设计、组织实施等方面实现深层次系统变革[1]。因此,总进度综合管控作为民航领域现代工程管理发展的重要支撑,也必须依赖于以 BIM 为代表的新兴智能建造与建筑工业化技术以实现综合管控智能化。

9.3.1 民航智能建造与建筑工业化协同发展

智能建造与建筑工业化是推动民航基础设施建设数字化、工业化、智能化升级,提升机场建设品质的重要举措。为准确把握新一轮科技革命和产业变革趋势,引导各类要素有效聚集,补齐短板,加快推进转型升级,加大智能建造与建筑工业化在民航基础设施建设各领域、各环节的应用,民航局于 2021 年 8 月 20 日颁布了《推动民航智能建造与建筑工业化协同发展的行动方案》,明确提出协同发展的基本原则、发展目标和重点任务。

1)基本原则

需求引领,供给转型。进入新时代,人民对更加安全、更加高效、更加舒适的交通出行体验追求不断提高,统筹考虑全生命周期内的建设和运行需求,引领建设方案和实施过程的转型升级,建设人民满意的机场。

政府引导,市场主导。深化"放管服"改革,积极发挥政府在顶层设计、政策制定、营

[1] 引用自:《多维度融合,一体化管理,北京大兴国际机场工程管理实践》,姚亚波,郭雁池,2022

造环境等方面的引导作用。充分发挥市场在资源配置中的决定性作用，强化企业市场主体地位，通过实践创新积极探索民航智能建造与建筑工业化协同发展的路径和模式。

节能环保，绿色发展。推动民航实施工业化、数字化、智能化升级过程中的能源资源节约和生态环境保护，通过严格的标准引领绿色转型，实施精细化管理提高能源资源利用效率，减少排放，构建资源高效良性循环体系。

开放包容，合作共赢。加强设计与施工、建设与运维一体化协同，深化跨专业、跨行业的多方合作，实现合作共赢。以问题为导向，借鉴其他行业的理论创新与实践经验，融合民航自身特点及需求，消化吸收与创新突破并重。构建良好的发展创新生态，鼓励企业自主研发，强化网络和信息安全管理。

2）发展目标

"十四五"期间推动智能建造及建筑工业化在民航工程建设各环节的应用，到2025年末，民航设计、施工的龙头企业基本具备数字化设计、智能建造的实施能力，初步形成与民航智能建造及建筑工业化相适应的行业标准及监管模式，民航建设管理水平有效提升，形成一批数字化设计及智能建造的示范性项目，智能建造与建筑工业化的应用项目投资占比达到50%，为2035年实现世界领先的民航智能建造与全面建筑工业化打下基础。

3）重点任务

（1）推动咨询设计转型升级

数字化手段优化方案论证。在机场选址、总体规划、初步设计及施工图设计阶段综合运用BIM、GIS、模拟仿真等手段，进行模型构建及方案分析，提升论证工作的精细化水平，支撑复杂问题的科学决策。研发适应民航行业发展需要的自主知识产权数字化建模软件，提升设计效率。

一体化模式统筹建设过程。加强对项目全生命周期的统筹考虑，将"四型机场""新型基础设施""品质工程"等要求贯穿项目建设各阶段，根据建设及运行需求制订建设方案。强化设计与施工的衔接，施工阶段运用BIM等手段深化设计方案，进行不停航施工及关键施工方案的模拟论证。

协同化管理提升设计品质。加强协同设计组织，制订统一的协同数据规则，鼓励使用协同设计平台。逐步转变"以人协调为核心"的设计模式为"以数据为中心"的数字化设计管理流程，通过集成化技术管理提升设计效率和质量。

（2）提升建设实施信息化水平

推动智慧工地建设。建立数字化智慧工地管理平台，通过物联网、大数据、云计算、移动互联等信息技术打造智慧工地，通过全要素数字化管控赋能项目管理，提升工程安全、质量管控能力。

研发推广智能装备。机场工程建设逐步引入智能装备，实现数字化精准施工，提高施工效率。鼓励施工企业、装备制造商和科研院所联合对现有施工装备进行数字化改装升级，研发内置标准施工工艺的新型施工装备，努力形成不同施工机械协同作业的装备集群。

探索智慧化管理。建设项目综合管理平台，探索 BIM、三维激光扫描等数字化手段在招投标、质量管控、进度管理、计量支付等工程项目实施过程中的应用，提升机场建设工程管理效能。

（3）大力发展建筑工业化

加大装配式建筑应用比例。机场航站区和工作区的建筑按不低于各地装配式建筑实施要求执行。鼓励具备实施条件的直属单位建设项目优先选用装配式方式建造。通过项目实践总结提炼，形成适应民航特色的装配式建（构）筑物设计方案，发布相关图集或指南。

拓展飞行区装配式应用场景。积极拓展飞行区内的装配式应用场景，对飞行区内的建（构）筑物根据当地建设条件灵活选择装配式建造方式，针对不停航施工压力大、工期紧的项目，鼓励在充分论证的基础上采用装配式建造方式。

挖掘装配式产业体系资源。统筹建造活动全产业链资源，充分利用当地装配式构件智能制造生产线及信息化工厂生产机场装配式构件，挖掘当地运输装备及运力资源打通运输环节，形成涵盖设计、生产、施工、技术服务的完整产业链。通过资源共享、成本共担实现规模经济，降低建设成本。

（4）积极推行绿色建造

实行绿色建造。以节约资源、保护环境为核心，通过民航智能建造与建筑工业化协同发展，提高资源利用效率，减少建筑垃圾的产生，强化施工现场扬尘、噪声管控，大幅降低能耗、物耗和水耗水平。

建立绿色供应链。推行循环生产方式，提高建筑垃圾的综合利用水平，鼓励开展绿色设计、选择绿色材料、实施绿色采购、打造绿色制造工艺、推行绿色包装、开展绿色运输，鼓励企业探索建立绿色供应链制度体系。

应用节能装备。加大先进节能环保技术、工艺和装备的应用及研发力度，提高能效水平，加快淘汰落后装备设备和技术，促进民航建设的绿色改造升级。

（5）创新行业监管服务

加快建立标准体系。梳理智能建造与建筑工业化相关的标准体系，明确标准体系的编制计划，尽快发布一批亟需的标准、规范和政策指导文件。鼓励企业、社会团体根据自身情况及建设需求编制企业标准、社会团体标准，经实践验证后进一步上升为行业标准。

创新建设监管模式。探索建立适应数字化设计的审查系统，明确审查要点，建立审查专家库。加快推进监管模式转型，探索智慧监管，创新和推广非现场监管。

构建行业级资源平台。通过行业共建打造适用民航行业全生命期的协同管理工作平台。完善激励机制,鼓励各市场主体积极贡献数字标准构件,逐步形成满足民航发展需要的云化协同数字标准构件库。积累可复用的知识、技术、产品与大数据,为民航机场工程提供 BIM 咨询与技术服务。

9.3.2 首都机场集团建设项目智慧赋能管理

为深入践行"规划、投资、融资、建设、运营"一体化理念,强化首都机场集团建设项目智慧赋能,完善首都机场集团智慧建设管理体系,打造品质工程,首都机场集团于2023 年 6 月发布并施行《首都机场集团有限公司建设项目智慧赋能管理办法》(以下简称"办法"),对智慧赋能的概念进行了清晰界定,并提出首都机场集团建设项目智慧赋能管理的基本原则和具体管理措施等[1]。

1)智慧赋能的概念

智慧赋能,是指在建设项目管理过程中以运营需求为导向,充分应用以建筑信息模型(BIM)为重点的智能建造新技术,推动建设项目数字化、工业化、智能化升级,提升现代工程管理水平的系统性工作。

2)智慧赋能管理的基本原则

坚持战略引领,强化规划统筹。积极服务国家、行业战略,落实首都机场集团智慧创新要求,加强建设项目智慧赋能顶层设计,强化规划统筹指导作用。

坚持一模到底,实现数字孪生。坚持以 BIM 模型贯穿建设项目管理,强化"全阶段、全专业、全业务、全参与"的新技术应用,实现成果可视化、管理标准化、数据共享化的数字孪生。

坚持系统管理,加强精益管控。坚持系统思维,搭建项目管理平台,推进业务流程化、流程标准化、标准信息化、信息数字化,实现建设项目全要素精益管控。

坚持创新驱动,赋能高质量发展。强化新技术在建设项目全生命周期的集成创新应用,推进首都机场集团建设项目高质量发展。

3)智慧赋能管理组织

新技术管控办公室是智慧赋能管理组织的核心机构。作为各项目常设机构,在指挥部领导班子的领导下,新技术管控办公室借助社会专业力量和专家力量,牵头建设过程智慧化,负责工程项目新技术的推广应用与协调管控。新技术管控办公室人员由固定人员 + 专业力量组成。新技术管控办公室主任由执行总指挥担任,副主任由总工程师担任。固定人员为指挥部全职人员,专业力量包括 BIM 技术(BIM 咨询单位、BIM 建模单位等)、信息化协同管理(第三方系统开发单位等)、GBAS 飞行程序设计、航站楼防地震防轨道震动隔震(阵)专项研究、节能技术、航站楼项目绿色建筑咨询服

务等单位。

新技术管控办公室主要负责牵头机场数字化、信息化、智慧化的规划、建设和发展等。具体而言,牵头拟定机场数字化、信息化和智慧化(简称"三化")建设发展规划;牵头编制"三化"综合性发展战略、年度计划和报告;组织"三化"重大课题研究,并统筹协调组织推进"三化"相关项目建设和对外合作交流;负责组织实施对相关工程"三化"建设工作的考核评价和管理工作。此外,新技术管控办公室还负责对接工程建设中新技术、新工艺、新材料和新设备的推广应用。譬如,负责相关工程项目的技术革新、技术培训和考核工作,大力开发和推广新技术、新材料、新工艺在项目建设中的应用,以及组织制订新技术应用参与各方的技术要求、确定标准体系、监控项目进展、成果验收、组织成果总结等。

4)智慧赋能管理的具体措施

首都机场集团建设项目智慧赋能管理的具体措施覆盖建设项目全生命周期,包括选址、立项、规划、方案设计、招标采购、初步设计、深化设计、建设实施、验收与交付、运营维护以及应用评价等阶段。以建设实施阶段为例,具体智慧赋能管理措施如下。

(1)施工准备

各项目法人(项目管理单位)应要求施工单位使用 BIM 技术辅助开展施工总平面布置、不停航施工模拟、行李系统施工模拟、关键施工方案模拟、临时设施建设、材料采购和构件预制加工等施工准备工作。

各项目法人(项目管理单位)应要求各参建方对其管理、技术和施工等人员进行 BIM 技术交底,应组织监理单位对施工单位的 BIM 技术交底情况进行检查。

各项目法人(项目管理单位)应加强施工现场数字化管理,通过数字化技术,记录和跟踪施工现场人员、车辆、机械设备等身份、位置和作业信息,精细管控劳务用工并从源头上保障农民工工资支付。

(2)质量管理

各项目法人(项目管理单位)应使用 BIM 技术开展质量管理,并将相关要求纳入参建单位质量管理文件中。

各项目法人(项目管理单位)组织参建单位将深化设计模型构件与施工工序、检验指标等关联,逐项进行质量验收并实时准确记录质量验收人员的身份、位置、数据及结论等信息。

各项目法人(项目管理单位)应组织监理单位定期对数字化施工、按模施工、项目管理平台使用情况等进行专项检查,对于检查过程中发现的问题要督促整改。

(3)安全文明施工

各项目法人(项目管理单位)应使用 BIM 技术进行安全文明施工管理,并将相关

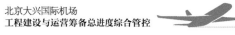

要求纳入参建单位安全文明管理文件中。

各项目法人(项目管理单位)应组织参建单位基于 BIM 模型辅助开展安全专项方案论证、识别安全隐患、防范安全风险等。

各项目法人(项目管理单位)应督促施工单位基于 BIM 模型开展安全技术交底,应组织监理单位对施工单位的安全技术交底情况进行检查。

(4) 进度管理

各项目法人(项目管理单位)应基于 BIM 技术进行进度管理,通过 BIM 模型动态、真实反映建设项目进度。

检验批、分项工程、分部工程等验收数据是建设项目进度展示的唯一来源,只有验收合格后方可通过 BIM 模型展示建设项目进度。

(5) 变更管理

各项目法人(项目管理单位)应建立基于 BIM 模型的工程变更管理制度,明确变更模型版本管理、模型变更审批程序及费用变更申报流程等内容。

(6) 工程支付

计量支付。各项目法人(项目管理单位)应在 BIM 应用总体规划中,明确基于 BIM 模型的计量支付路径,即使用 BIM 开展计量支付工作或辅助复核计量支付工作。如使用 BIM 模型开展计量支付的,应明确模型拆分、几何表达精度和属性信息深度等要求,结合实际进度和质量验收情况开展计量支付工作。

工程结算。各项目法人(项目管理单位)应组织相关单位对竣工模型进行最终复核,确保模实一致。复核通过后宜基于竣工模型开展工程结算工作。

9.3.3　基于 BIM 技术的进度管控模式

根据《推动民航智能建造与建筑工业化协同发展的行动方案》对探索智慧化管理的要求,应通过建设项目综合管理平台,探索 BIM、三维激光扫描等数字化手段在招投标、质量管控、进度管理、计量支付等工程项目实施过程中的应用,提升机场建设工程管理效能。在此行动方案的指导下,首都机场集团根据《民用机场工程建设与运营筹备总进度综合管控指南》要求[1],通过将总进度综合管控技术与 BIM 技术进行关联,提出基于 BIM 技术的进度管控模式,主要包括基于 BIM 技术的项目进度管控平台和管控流程[2]。

1) 基于 BIM 技术的项目进度管控平台

基于 BIM 的项目进度管控平台可实现项目实施过程可视化和实施顺序的仿真,

---

[1]　引用自:《民用机场工程建设与运营筹备总进度综合管控指南》,中国民用航空局,2020。
[2]　引用自:《首都机场集团有限公司建设项目智慧赋能管理办法》,首都机场集团有限公司,2023。

并可利用现场填报的质量验收数据打造过程管控体系,实时比较项目的实际进度与进度计划,即时发现和揭示进度发生的偏差,及时采取措施进行纠偏。该平台主要包括进度计划、实际进度采集、形象进度采集和进度分析等功能模块。

（1）进度计划

支持通过导入 Excel、Project 等方式,将项目进度计划上传至平台,并以甘特图的形式展现;支持将 WBS 任务项与 BIM 模型进行关联,通过 4D 进度模拟,直观形象展示工程的计划进度建设过程。

（2）实际进度

支持手动填报或自动提取方式实时采集 WBS 任务的实际开完工时间。

（3）形象进度

支持通过点击 BIM 模型,可以查看每个部位的计划开完工时间和实际开完工时间;支持按照日、周、月、年等时间维度查看工程的形象进度报表数据,并支持数据导出功能。

（4）进度分析

针对进度计划和实际进度数据进行对比分析,支持通过进度看板查看工程的进度统计数据,并通过 BIM 模型构件的不同颜色来体现进度执行差异。

2）基于 BIM 技术的进度管控流程

基于 BIM 技术的进度管控流程是应用基于 BIM 技术的进度管控平台的实操准则,主要包括模型与进度挂接、进度控制、进度调整等环节,具体工作程序及 BIM 实施关联方工作内容,见图 9.1。

在模型与进度挂接环节,施工单位应根据总进度综合管控计划编制施工进度计划,并对 BIM 模型构件进度属性赋值,将进度计划与 BIM 模型构件进行关联,通过项目管理平台提交进度计划审批流程,监理单位和项目法人(项目管理单位)审核通过后形成进度管理计划审批表并发布。

在进度控制环节,施工单位应结合深化设计模型开展施工进度计划的仿真分析及优化,并基于进度计划与实际进度信息开展偏差分析。如果出现工程延误,监理单位应发出赶工通知,施工单位编制赶工方案报监理单位审核,及时采取赶工措施。项目法人(项目管理单位)应结合实际情况采取对应的纠偏措施,以保证进度可控。在监理报告、项目进展报告等文件中,项目法人(项目管理单位)应以现场填报的质量验收数据作为实际进度的来源,结合 BIM 模型统计产值、展示形象进度。

在进度调整环节,对于项目法人(项目管理单位)和监理单位提出的进度调整,应由监理单位发出进度调整指令,施工单位调整进度计划,重新关联 BIM 模型后,提交监理单位和项目法人(项目管理单位)审批。

3）基于 BIM 技术接入建设运营一体化项目管理平台

基于 BIM 的建设运营一体化项目管理平台,是在实现工程项目管理、数字化施工

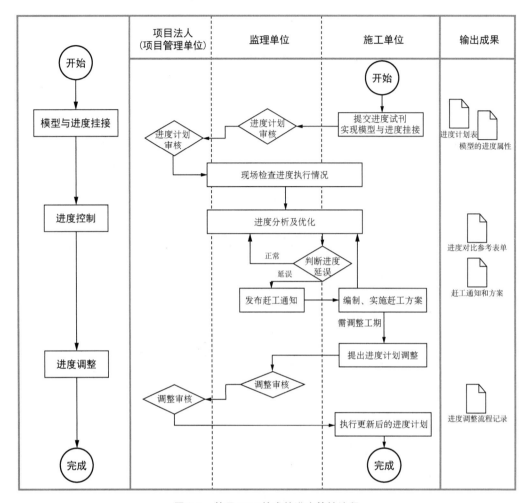

图 9.1 基于 BIM 技术的进度管控流程

监控、BIM 模型等综合应用的基础上，以 BIM 模型为载体将进度、质量、安全等信息集中管理与展示的信息系统。通过将进度管控平台等子系统接入，项目运营单位可在前期通过项目管理平台实时查看工程情况、参与模型审核和现场检查，确保运营需求的更新和落实，使项目利用平台实现建设和运营业务的线上化融合，实现基于工序级别的精细管控、现场问题及时整改等目标。

9.4 小结

面向"十四五"时期民用机场建设打造品质工程的新发展要求，我国民用机场建设总进度综合管控不仅要继续坚持和深化大兴机场的先进管控理念，还要充分依托新兴信息技术的赋能作用，实现面向现代工程管理能力提升的转型升级。要不断深化建设运营一体化理念研究并持续打造建设运营一体化组织平台,推动总进度综合管控组织能力的整体性涌现,实现总进度综合管控协同化;同时,要充分利用以 BIM 技术为核心的智能建造技术的赋能作用,不断优化基于 BIM 的总进度综合管控技术和流程,实现以进度管控为龙头的项目管理智能化。

内 容 提 要

本书以北京大兴国际机场的"总进度综合管控"为主题,全面记录了北京大兴国际机场开展工程建设及运营筹备总进度综合管控工作的全过程,集中反映了总进度综合管控的理念、组织、方法、流程和机制等内容,是一本将大型复杂群体项目管理理论与工程实践紧密结合、系统研究总进度综合管控全过程、全面阐释总进度综合管控研究成果的专著。

本书内容丰富,读者范围广泛,既可作为工程管理研究者深入探索北京大兴国际机场建设管理过程的生动素材,也可为从事机场建设与运营的管理人员提供理论和方法参考。同时,普通读者也能通过本书深入了解北京大兴国际机场这一世纪工程的建设过程和风采。

图书在版编目(CIP)数据

北京大兴国际机场工程建设与运营筹备总进度综合管控 / 刘春晨主编. --上海:同济大学出版社,2024.9
(北京大兴国际机场建设管理实践系列丛书)
ISBN 978-7-5765-0614-3

Ⅰ. ①北… Ⅱ. ①刘… Ⅲ. ①国际机场-机场建设-研究-北京②国际机场-运营管理-研究-北京 Ⅳ.
①TU248.6②F562.81

中国国家版本馆 CIP 数据核字(2023)第 003878 号

北京大兴国际机场工程建设与运营筹备总进度综合管控
刘春晨　主编
责任编辑　姚烨铭　　**责任校对**　徐春莲　　**封面设计**　陈益平

出版发行	同济大学出版社　www.tongjipress.com.cn	
	(地址:上海市四平路 1239 号　邮编:200092　电话:021-65985622)	
经　　销	全国各地新华书店	
排　　版	南京文脉图文设计制作有限公司	
印　　刷	上海安枫印务有限公司	
开　　本	787mm×1092mm　1/16	
印　　张	14.25	
字　　数	279 000	
版　　次	2024 年 9 月第 1 版	
印　　次	2024 年 9 月第 1 次印刷	
书　　号	ISBN 978-7-5765-0614-3	
定　　价	120.00 元	